JN261094

上段：カジメ属，ツルアラメとクロメの葉形の多様性
中段：島根県隠岐諸島島前中ノ島産ツルアラメの4型．スケール：10 cm．（第1章参照）
下段：カジメ，クロメの形態変異．スケール：30 cm．（第2章参照）

島根県隠岐郡島前海士町主催，日本応用藻類学研究会・全日本漁港建設協会共催
シンポジウム「カジメ属の生態学と藻場造成」の風景

1．実行委員長　海士町産業創出課課長　大江和彦氏の開会
2．シンポジウム主催者海士町町長　山内道雄氏の挨拶
3．基調講演者　能登谷正浩　4-5．シンポジウム会場風景

講演者　1．能登谷正浩（東京海洋大学）　2．林裕一（岡部株式会社）　3．田中俊充（和歌山県農林水産総合技術センター）　4．桐原慎二（青森県水産総合研究センター）　5．木村創（和歌山県農林水産総合技術センター）　6．田井野清也（高知県水産試験場）　7．桐山隆哉（長崎県総合水産試験場）　8．荒武久道（宮崎県水産試験場）

質疑応答風景

シンポジウム参加者写真

シンポジウム後の懇親会風景

# カジメ属の生態学と藻場造成

Ecology and MOBA Restoration of *Ecklonia*

能登谷　正浩　編著

恒星社厚生閣

## まえがき

　日本産カジメ属にはカジメ Ecklonia cava Kjellman を初めとしてクロメ E. kurome Okamura とツルアラメ E. stolonifera Okamura の3種が報告されている．
　それらの分布については，カジメが黒潮の影響の強い九州，四国，紀伊半島沿岸を除き，茨城県から九州宮崎県沿岸に至る太平洋沿岸や瀬戸内海沿岸，天草地方，隠岐沿岸とされ，クロメが千葉県館山湾から宮崎県川南，瀬戸内海，熊本県天草北岸から福岡県北九州市，日本海沿岸では山口県から新潟県柏崎にいたる各地沿岸など，カジメとクロメの分布域は広い範囲で重なっている．ツルアラメは日本海沿岸に限定される日本海固有種で，九州北岸の長崎県平戸から北海道小島にいたる各地沿岸である．
　カジメとクロメの形態的な判別基準には，葉状部の皺，茎状部の髄部の空洞の有無，藻体の大きさなどである一方，それぞれの種間相互に形態形質の類似性がある．しかし，ツルアラメはコンブ目の中でも仮根の匍匐枝先端から葉条を栄養繁殖させる特徴をもち，世界的にも珍しい種で，カジメやクロメとは明瞭に区別される．
　カジメとクロメには，生育地によって形態的に異なるいくつかの変異個体があることは昔から知られるが，最近の分子系統解析の知見から，両者には大きな差異が認められないことなどが指摘されている．さらに，ツルアラメにも，形態的に大きく異なる幾つかの個体群が隠岐諸島島前沿岸の極狭い沿岸域から発見されていることや，ツルアラメの特徴である匍匐枝先端からの栄養繁殖による葉条の発出がほとんど認められないクロメ様の個体群も発見されるなど，それぞれに類似性と多様性が認められる．
　従来から，カジメ属3種の葉状部の形はそれぞれよく類似することや，ツルアラメのように地質年代的に比較的新しく成立した日本海沿岸にのみ分布域をもつ種を含むことなどから，起源種やそれぞれの種の分化の過程や時期など，この属は大いに興味のもたれる分類群である．さらに，それぞれの種内の個体群間の遺伝的な関係や独立性，生育環境と生理，生態的な違いや適応，地域的変異など，大型海藻類における新たな種生物学的な材料としても重要なものと考

えられる．

　このほかに，カジメ類の群落は，従来から「藻場」として，水産資源の保全，涵養の場として重要な水産的，生態的機能が認められている．さらに，これら3種の分布域を合わせると，北海道を除く本州，九州，四国沿岸で，日本全沿岸の概ね3/4近くを占める広大な生育域となる．したがって水産上の応用的側面からの知見は有効，かつ重要である．

　しかし，これまで種や個々群落の生育状況に関する研究については，いくつかあるものの，藻場生態系やその機能的側面から，藻体や群落が作る空間や構造と，それに係る動植物群を含めた生態系の相互作用に関する報告はほとんどない．そのため，今後は漁業生産や水産資源保全の観点から，カジメ類の群落生態系がもつ機能を明らかにし，藻場造成やその管理技術が包括的に検討されることが望まれる．

　近年，沿岸域の温暖化傾向は多くの海域で注目されているが，日本の沿岸域の内，比較的温暖な海域や浅所に生育するクロメは，カジメに比べ「藻場」造成対象種として，今後は特に重要な種として位置づけられる可能性があるものと見なされる．さらに，ツルアラメに関しても，従来から栄養繁殖の特徴を活かして，魚類による食害が頻繁に起こる海域の「藻場」造成種として有効であることが知られるが，分布域が日本海沿岸域に限定されることなどから，まだ十分な研究がなされていない．

　本小著では，カジメ類に関するこれまでの研究の背景を踏まえて，ごく最近の新たな基礎生物学や生態学の知見と，それを応用した「藻場」の造成や管理，保全，回復技術に関して検討しており，それらの知見が今後，各地沿岸の「藻場」生態系の研究や事業に活かされることを希望して出版されるものである．


　本著の内容は2007年10月17日に島根県隠岐海士町主催，日本応用藻類学会，全日本漁港建設協会共催で催されたシンポジウム「カジメ属の生態学と藻場造成」における講演を基に編集されたものである．参考のため当シンポジウムのプログラムを7頁に示す．また，シンポジウム開催状況を口絵に示したので参照されたい．

当シンポジウムの開催に当たって，島根県隠岐島前海士町山内道雄町長には大変なご高配とご支援を賜り，また海士町役場産業創出課の大江和彦課長をはじめとした役場の方々には多数の参加者への宿泊，エクスカーションなど大変お世話をして頂きました．さらに全日本漁港建設協会と日本応用藻類学研究会にも共催のご支援を頂ました．ここに心からの感謝の意を表します．また，本書にご執筆，ご協力いただきましたご講演者の皆様には原稿を取りまとめて頂き感謝いたしております．

　本書の出版に際して多大なご配慮を賜りました株式会社恒星社厚生閣の片岡一成社長をはじめ関係各位に心からのお礼を申し上げたい．

　　2009年5月23日

編著者　能登谷正浩

編著者紹介

| | | |
|---|---|---|
| 編著者 | 能登谷正浩 | 東京海洋大学応用藻類学　教授 |

| | | |
|---|---|---|
| まえがき | 能登谷正浩 | |
| 第1章 | 林　裕一 | 岡部株式会社　海洋事業部　隠岐研究所 |
| | 四ツ倉典滋 | 北海道大学北方生物圏フィールド科学センター　助教 |
| | 能登谷正浩 | |
| 第2章 | 田中俊充 | 和歌山県農林水産総合技術センター水産試験場　企画情報部　副主査研究員 |
| | | 現：日高振興局　地域振興部企画産業課　産業・水産グループ　副主査 |
| | 木村　創 | 和歌山県農林水産総合技術センター水産試験場　副場長 |
| 第3章 | 木村　創 | |
| | 山内　信 | 和歌山県農林水産総合技術センター水産試験場　漁場環境部　主査研究員 |
| | | 現：和歌山県農林水産総合技術センター水産試験場　増養殖部　主査研究員 |
| 第4章 | 田井野清也 | 高知県水産試験場　主任研究員 |
| 第5章 | 桐山隆哉 | 長崎県総合水産試験場　種苗量産技術開発センター　介藻類科　主任研究員 |
| 第6章 | 荒武久道 | 宮崎県水産試験場　増殖部　主任研究員 |
| あとがき | 能登谷正浩 | |

## 「カジメ属の生物学と藻場造成」 プログラム

日時：10月18日
会　　場：　　　　隠岐開発総合センター大集会室
9:00 － 9：30　　　受付
9：30　　　　　　　開会
　　　　　　　　　　　　　　　実行委員長　大江和彦（海士町役場産業創出課課長）
9：30 － 9：40　　　挨拶
　　　　　　　　　　　　　　　　　　　　　　　　山内道雄（海士町町長）
9：40 － 10：10　　－基調講演－　カジメ属の生物学と藻場造成
　　　　　　　　　　　　　　　　　　能登谷　正浩（東京海洋大学応用藻類学）
　　　　　　　　　　座長　桐原慎二（青森県水産総合研究センター）
10：10 － 11：10　　隠岐島前のツルアラメ形態，生育特性，遺伝特性
　　　　　　　　　　　　　　　　　　　　　　　　林裕一（岡部株式会社）
10：10 － 1 1：50　　和歌山県におけるカジメ属の生物特性
　　　　　　　　　　　　　　　　田中俊充（和歌山県農林水産総合技術センター）
11：50 － 12：00　　質疑応答
12：00 － 13：30　　昼食
　　　　　　　　　　座長　桐山隆哉（長崎県総合水産試験場）
13：30 － 14：00　　クロメ，カジメ，アラメの藻場造成に関する一知見
　　　　　　　　　　　　　　　　　　　　　　　　二宮早由子（㈱東京久栄）
14：00 － 14：30　　青森県大間崎におけるツルアラメの生態
　　　　　　　　　　　桐原慎二・藤川義一（青森県水産総合研究センター・漁港課）
14：30 － 15：00　　和歌山県における藻場造成の現状と問題点
　　　　　　　　　　　　　　　　　　木村創（和歌山県農林水産総合技術センター）
15：00 － 15：10　　質疑応答・休憩
　　　　　　　　　　座長　木村創（和歌山県農林水産総合技術センター）
15：10 － 15：40　　高知県におけるカジメ・クロメの藻場造成
　　　　　　　　　　　　　　　　　　　　　　　田井野清也（高知県水産試験場）
15：40 － 16：10　　長崎県野母崎および壱岐郷ノ浦地先のカジメ属の分布変化
　　　　　　　　　　　　　　　　　　　　　　　桐山隆哉（長崎県総合水産試験場）
15：40 － 16：10　　宮崎県沿岸のクロメ藻場の分布と造成
　　　　　　　　　　　　　　　　　　　　　　　　荒武久道（宮崎県水産試験場）
16：10 － 16：20　　質疑応答・休憩
16：20 － 17：30　　総合討論　座長　能登谷正浩（東京海洋大学応用藻類学）
18：00 －　　　　　懇親会
　　　　　　　　　　司会 濱中香理（海士町役場産業創出課係長）

# 目　次

まえがき ……………………………………………………………… 3

## 第1章　ツルアラメ4型 −隠岐中ノ島沿岸− ……………………… 13
### 1.1　ツルアラメ4型の発見 …………………………………… 13
### 1.2　種苗作成と養成藻体各部の測定 ………………………… 15
### 1.3　養成藻体の生長に伴う変化 ……………………………… 16
#### 1.3.1　種苗の生残率 ……………………………………… 16
#### 1.3.2　中央葉 ……………………………………………… 19
#### 1.3.3　最大側葉 …………………………………………… 19
#### 1.3.4　茎状部 ……………………………………………… 20
#### 1.3.5　栄養繁殖による新葉条の形成 …………………… 20
### 1.4　天然3齢および養成18ヶ月後の藻体の形体比較 ……… 20
### 1.5　天然藻体および養成藻体4型の主成分分析 …………… 23
### 1.6　仮根，付着器 ……………………………………………… 28
### 1.7　まとめ ……………………………………………………… 29

## 第2章　カジメ属の生物特性 −和歌山県沿岸− …………………… 31
### 2.1　カジメとクロメの種の多様性について ………………… 31
### 2.2　和歌山県におけるカジメ属の形態変異 ………………… 32
#### 2.2.1　カジメ属の分布と形態調査 ……………………… 32
#### 2.2.2　各地の形態的特徴 ………………………………… 34
#### 2.2.3　異なる年に採取したカジメとクロメの形態の比較 … 38
### 2.3　カジメとクロメの形態的な分類指標の有効性 ………… 39
### 2.4　形態と生育環境の関係 …………………………………… 41
#### 2.4.1　第一側葉の形態と波当たりの関係 ……………… 41
#### 2.4.2　側葉数と栄養塩濃度の関係 ……………………… 42
#### 2.4.3　側葉の皺と水温の関係 …………………………… 43

2.5　DNA解析によるカジメとクロメの比較 ················· 44
2.6　プロテオーム解析によるカジメとクロメの比較 ············ 46
2.7　カジメとクロメの生理特性の違いについて ··············· 48
　　2.7.1　カジメとクロメ配偶体の温度特性の比較 ············ 48
　　2.7.2　幼胞子体の温度特性の把握 ···················· 50

# 第3章　藻場造成の現状と問題点 −和歌山県沿岸− ············· 53
3.1　和歌山県における磯焼け ························· 53
　　3.1.1　発生海域 ······························· 53
　　3.1.2　磯焼け発生事例 ··························· 54
　　3.1.3　磯焼けの原因 ···························· 57
3.2　海藻群落が一部海域に残っている磯焼け海域の藻場造成事例 ·· 58
　　3.2.1　基質投入による藻場造成 ····················· 58
　　3.2.2　費用対効果の分析 ·························· 62
3.3　磯焼け海域の藻場造成事例 ······················ 64
3.4　魚類による食害への対策 ························· 68
　　3.4.1　藻食性魚類の摂餌生態 ······················ 68
　　3.4.2　音刺激を用いた食害対策 ····················· 69

# 第4章　カジメ・クロメの藻場造成 −高知県沿岸− ············· 72
4.1　高知県沿岸域における藻場の分布 ··················· 72
4.2　高知県沿岸のカジメ属の分布と群落の衰退 ·············· 73
　　4.2.1　高知県沿岸のカジメ属の分布 ··················· 73
　　4.2.2　高知県沿岸のカジメ属群落の衰退 ················ 74
　　4.2.3　磯焼けの原因を探る ························ 75
　　　　　土佐湾の水温上昇に及ぼす黒潮の影響 ············· 75
　　　　　カジメ群落衰退に及ぼす水温の影響 ··············· 75
4.3　カジメ藻場の造成 ····························· 76
　　4.3.1　種苗生産の手順 ··························· 76
　　4.3.2　高知県沿岸のカジメの藻場造成 ················· 78

4.4 魚類とウニ類の食害対策と里海づくり ························ 82
  4.4.1 魚類の食害防御 ································· 82
  4.4.2 ウニ類の食害防御 ································ 89
  4.4.3 里海づくりとウニ類除去 ··························· 89

# 第5章　カジメ類の分布変化 －長崎県沿岸－ ····················· 93
 5.1 長崎県沿岸の大型褐藻類の生育 ·························· 93
 5.2 長崎市野母崎町のクロメ藻場の変化 ······················· 95
  5.2.1 1998年秋のクロメ葉状部欠損現象 ······················ 96
  5.2.2 野母崎町地先のクロメ藻場の変化 ······················ 99
 5.3 壱岐市郷ノ浦町地先のアラメ，カジメ藻場の変化 ················ 107
  5.3.1 1998年秋から冬のアラメ，カジメの葉状部欠損現象 ············ 107
  5.3.2 葉状部欠損現象発生1年後の観察結果 ···················· 110
  5.3.3 葉状部欠損現象発生2,4年後の観察結果 ·················· 111
  5.3.4 葉状部欠損現象発生5,6年後の観察結果 ·················· 112

# 第6章　クロメの分布と藻場造成 －宮崎県沿岸－ ···················· 116
 6.1 宮崎県沿岸に生育するクロメ ··························· 116
  6.1.1 形　態 ···································· 116
  6.1.2 分　布 ···································· 117
  6.1.3 クロメ藻場の衰退原因 ···························· 118
  6.1.4 クロメ藻場回復の制限要因 ·························· 119
 6.2 植食性動物の食圧低減条件の抽出と藻場造成への応用 ············· 119
  6.2.1 波浪流動 ··································· 120
    延岡市熊野江地先の事例 ···························· 120
    波浪流動の応用 ································· 122
  6.2.2 砂地の存在 ································· 124
    門川町地先の事例 ······························· 124
    延岡市北浦町蛭子島地先の事例 ························ 124
    砂地の存在の応用 ······························· 126

|  |  |  |
|---|---|---|
| 6.2.3 | 下草の存在 ………………………………………………………… | *127* |
|  | 延岡市北浦町阿蘇港内での観察事例 ………………………… | *128* |
|  | 下草の存在の応用 ……………………………………………… | *128* |
| 6.2.4 | 低水温 ……………………………………………………………… | *129* |
|  | 門川町地先の事例 ……………………………………………… | *129* |
|  | 低水温の応用 …………………………………………………… | *130* |
| 6.2.5 | 成体の繁茂 ………………………………………………………… | *131* |
|  | 門川町地先の観察事例 ………………………………………… | *131* |
|  | 成体の繁茂の応用 ……………………………………………… | *133* |
| 6.2.6 | 食圧低減条件の選択と組み合わせ ……………………………… | *134* |

6.3 植食性動物の食圧以外が藻場の回復を制限していた例 ……… *136*
  6.3.1 門川町乙島東岸の藻場の消失と回復 ………………………… *136*
  6.3.2 門川町乙島東岸の藻場回復制限要因 ………………………… *137*
6.4 宮崎県沿岸のクロメ藻場をどのように造成・維持していくか *138*

  あとがき ……………………………………………………………… *141*

  索引 …………………………………………………………………… *143*

# 第1章

## ツルアラメ4型－隠岐中ノ島沿岸－

### 1.1 ツルアラメ4型の発見

　ツルアラメ *Ecklonia stolonifera* Okamura の葉形については，川嶋（1989）は形態変異が大きいとして，秋田県戸賀，北海道松前小島，隠岐加茂，隠岐島前大宇賀から異なる形態の3，4型の標本写真を掲載している．また，これまでのツルアラメに関する報告の図版や標本写真に見られる葉形を整理すると，日本海沿岸に生育する藻体は概ね4つの異なる葉形があることがわかる．北日本沿岸の北海道松前小島や秋田県の戸賀（川嶋，1989），青森県深浦（Notoya, 1988；能登谷，2003），山形県飛島や石川県輪島（寺脇・新井，2004）からは中央葉や側葉が細長く，全体に細身の藻体が，長崎県沿岸からは中央葉が比較的短く側葉がよく発達しクロメ *E. kurome* と似た藻体（新井ら，1997），また，長崎県平戸からは中央葉が比較的円く，側葉が短い藻体（寺脇・新井，2004），さらに島根県隠岐諸島加茂や大宇賀（川嶋，1989）の藻体は大型で，側葉をもたない．

　しかし，筆者らは島根県隠岐諸島島前（図1·1），中でも主に中ノ島沿岸の狭い範囲内でも異なる4型が生育することを認めた．それらの形態的な特徴は，側葉が明瞭に形成されているものと，ほとんど側葉が形成されていないものとに分けられた．側葉が明瞭に形成される3群をより詳細に観察し，以下に示すような葉状部の大きさなどの形態的特徴から3型に分けた（図1·2）．①側葉が大きく発達し，最も大きい側葉の長さが中央葉の幅より大きく発達し，クロメに酷似する葉状体（A型），②中央葉は前者に比べ細長く笹葉型で，側葉が中央葉の幅と同程度かそれより短く，全体的に細身の葉状体（B型），さらに，これとは反対に③中央葉が幅広の楕円形から円形で，短い側葉をもち，全体的に丸い印象を示す葉状体（C型）である．

側葉を形成しないD型を含むこれら4型のうちA型は隠岐諸島沿岸では，最も一般的で多くの沿岸に生育し，ツルアラメの典型的な形態とみなされるが，B型やC型，D型群落は少なく，生育地は比較的限定されている．これらのことから，4型それぞれの個体群はA型を基本とし，それぞれが生育環境に適応した形態となったものか，それともある程度固定された系統群であるかについては興味がもたれた．そこで，それぞれの型の典型的な藻体を母藻として種苗を作り，隠岐諸島島前中ノ島保々見の沿岸に設置された養殖施設で各種苗を同時に養成し，成体に類似した葉形になる18ヶ月目まで，生長に伴う形態変化を観察し，母藻体と各型養成藻体の形態比較を試みるとともに，形態の違いを表す形質の検討や各型の形質やサイ

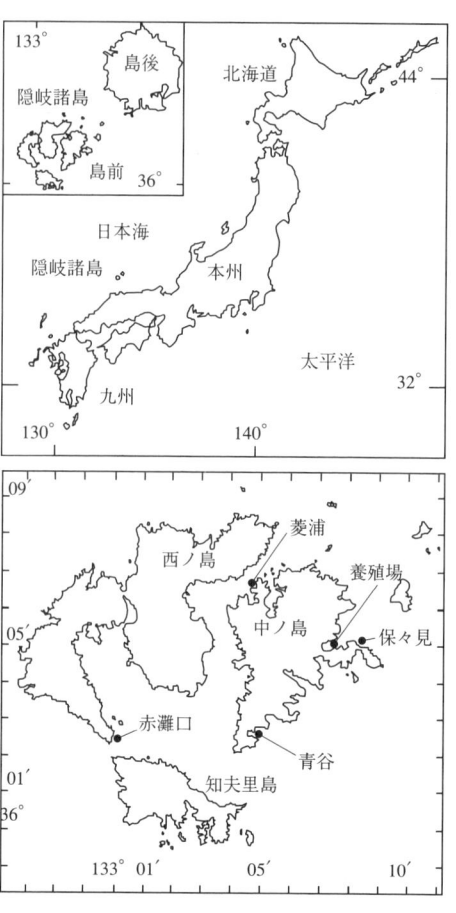

図1・1　島根県隠岐諸島島前のツルアラメ4型の採取地と種苗の養殖施設の位置．

図1・2　島根県隠岐諸島島前沿岸から採取されたツルアラメ4型の母藻．スケールバー：10 cm．

ズによる主成分分析を行った.

## 1.2 種苗作成と養成藻体各部の測定

　遊走子を得るための母藻は，A 型藻体は島前中ノ島保々見沿岸の水深 15 m から，B 型藻体は同じく青谷沿岸の水深 10 m から，C 型藻体は島前西ノ島の赤灘口沿岸の水深 15 m から，さらに D 型藻体は島前中ノ島沿岸菱浦の水深 15 m から，それぞれ 20〜30 株ずつ採取した（図 1・1）．採苗に用いた母藻は，それぞれ型の最も典型的な形態を示した藻体のうち，子嚢斑が明瞭に形成され，十分に成熟した藻体を用いた（図 1・2）．

　母藻は野外から採取した後，採苗までの期間は保々見にある採苗実験研究施設内の海水掛け流し水槽（10 トン）に保管し，適宜取り出して採苗に用いた．

　種苗の作成方法は，ワカメ種苗生産の一般的な手法に準じた．遊走子の採苗後，幼胞子体が葉長約 1 mm に達するまでは，室内の水槽内で育成管理し，その後は養殖施設の水深約 2 m に採苗枠のまま吊り下げて慣らし養成した．幼胞子体の葉長が約 2 mm に達した時に，ポリプロピレン・ロープ（直径 16 mm）に種苗糸を巻きつけ，水深 5 m の位置に設置して本養殖を開始した．生長に伴う養成藻体の形態観察は本養成開始後，概ね 1 ヶ月間ごとに生育状況を観察し，1 年 6 ヶ月間にわたって観察した．養成藻体の計測部位（図 1・3）は中央葉の長さと幅，茎

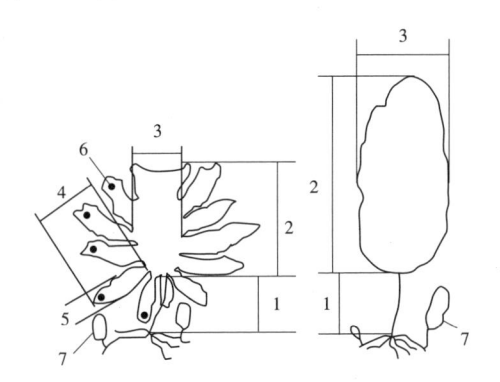

図 1・3　ツルアラメ藻体の測定部位.
1：茎長，2：中央葉長，3：中央葉幅，4：最大側葉長，
5：最大側葉幅，6：側葉数，7：栄養繁殖による葉条.

状部の長さ，最大側葉の長さと幅などのほか，1葉条から伸長した匍匐枝状仮根からの栄養繁殖による幼葉条の数も計数した．

6月に採取した各型の天然藻体（3齢の葉条）や18ヶ月目の養成藻体の各部（中央葉長，中央葉幅，茎長，最大側葉長，最大側葉副，側葉数（片側））を測定し，その数値を基に中央葉長/中央葉幅，中央葉長/茎長，最大側葉長/中央葉幅，最大側葉長/最大側葉幅などを算出し，それらから，各型の特徴を表す形態的形質の検討や主成分分析による4型または3型の区分を試みた．

## 1.3 養成藻体の生長に伴う変化

各型種苗はいずれも12月に本養成を開始した後，概ね1ヶ月から3ヶ月ごとに種苗の生残率，中央葉の長さと幅，最大側葉の長さと幅，側葉の数，茎の長さ，葉条仮根からの栄養繁殖新葉条の発生数を測定し，その結果を図1・4に示した．また，種苗養成開始後概ね3ヶ月ごとに18ヶ月後までの各養成種苗の典型的な藻体の写真を図1・5に示した．

### 1.3.1 種苗の生残率

各型いずれの種苗も本養成後開始後の生残率はほぼ直線的に低下し，6ヶ月後の6月には生残個体数は50〜60％までに減少し，9月にはさらに減少して30〜40％となり，12ヶ月後にはA型29％，B型1％，C型7％，D型32％となり，A型とD型はB型およびC型に比べてやや高い生残率を示した．しかし，12月以降の減少傾向は低下し，1年6ヶ月後の2007年6月にはA型，B型，C型のいずれの種苗とも6〜9％程度で，D型は約16％となった．A型3種苗に比べB型はやや高い生残率を示した．

藻体の生残率については，クロメの天然藻体の脱落個体は秋季9〜12月に多いこと（石田・由木，1996），アラメやカジメでも秋季に最小となり，新生根が伸長し始める前の古い仮根の固着力が低下することを報告している（寺脇ら，1991）が，養成藻体では秋期に極端に減少することはなく，養成開始から漸次減少し12〜1月に最低となるが，その後は安定することがわかった．

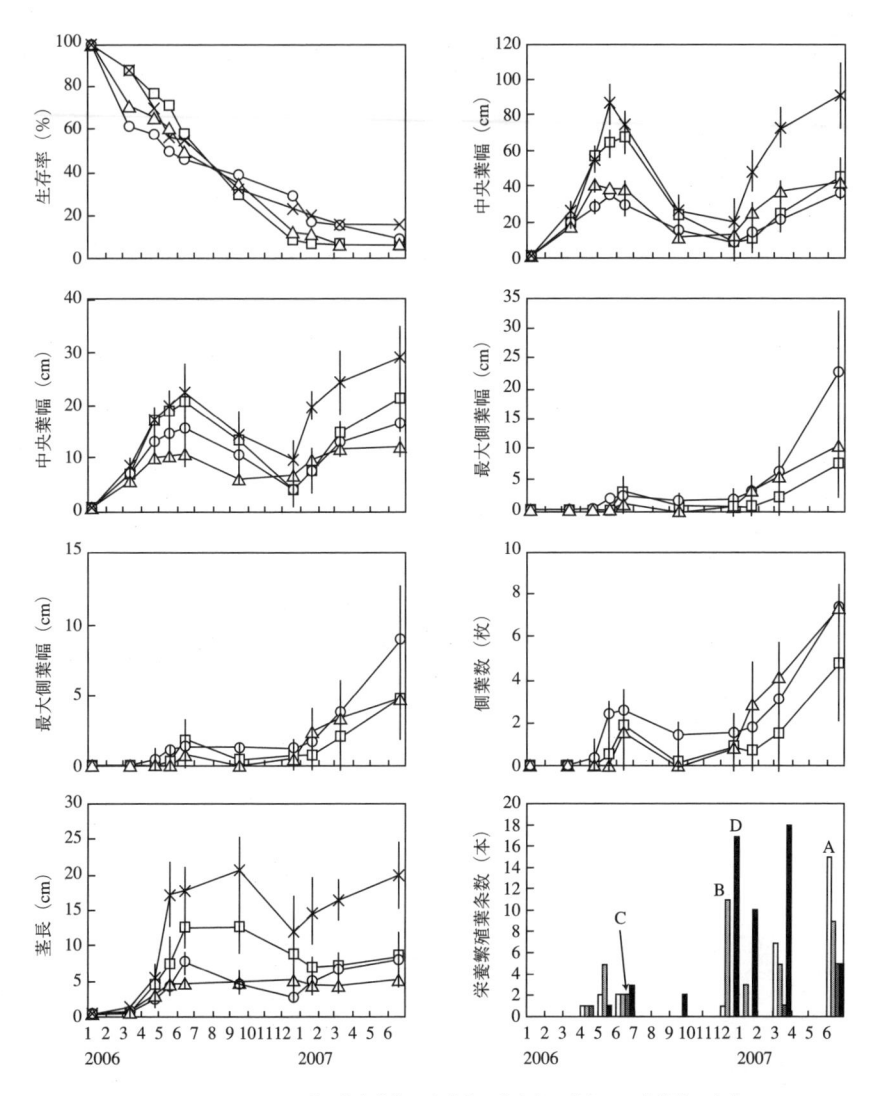

1.3 養成藻体の生長に伴う変化　17

図 1·4　ツルアラメ 4 型の養成藻体の生残率，葉条部，茎部，二次葉数の変化．
○：A 型，△：B 型，□：C 型，×：D 型．

18　第 1 章　ツルアラメ 4 型－隠岐中ノ島沿岸－

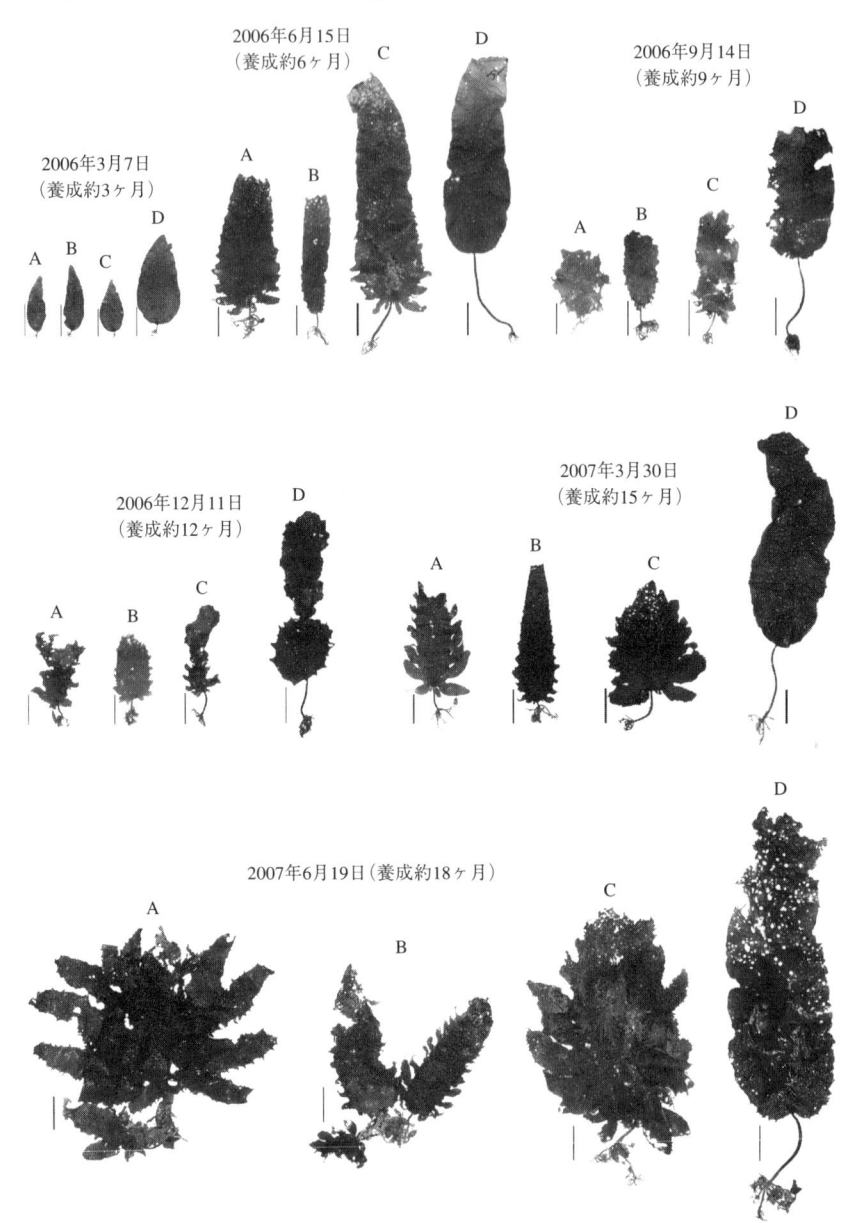

図1・5　ツルアラメ 4 型（A 型，B 型，C 型，D 型）養成藻体の生育過程に伴う葉形変化．
スケールバー：10 cm．

### 1.3.2 中央葉

いずれの種苗も中央葉長の増減に伴って葉幅も変化した．養成開始後急速に生長して6月には極大となり，葉長と葉幅の平均値はA型では，それぞれ28.9 cm，15.5 cm，B型では38.8 cm，10.7 cm，C型では67.2 cm，20.6 cmとなった．D型は5月に極大となり，葉長と葉幅の平均値はそれぞれ86.1 cm，19.7 cmで，6月には葉長はやや減少し74.7 cm，葉幅は22.5 cmと末枯れの兆しが認められた．したがって，葉長は側葉を形成する種苗の中では，C型，B型，A型の順に大きく，葉幅もC型が最も大きく，次いでA型，B型の順となった．しかし，D型は他の3種苗より大型となった．6月以降は，いずれの種苗も葉状部先端からの流失（末枯れ）によって葉長が減少に転じて12月には，葉長および葉幅の新葉部の平均値がA型では，それぞれ9.0 cm，3.8 cm，B型では13.0 cm，6.8 cm，C型では8.6 cm，3.9 cm，D型では20.7 cm，9.7 cmとなり，いずれも極小となった．この時期には突き出しの形成がA型，C型，D型に観察された．B型の旧葉部は流失して新葉のみの状態で，B型は再生開始時期が早いことがうかがえた（図1·5）．翌年1月からは再生，伸長が認められ，1年6ヶ月後の6月には，葉長と葉幅の平均値はそれぞれA型では36.3 cm，16.5 cm，B型では42.7 cm，12.4 cm，C型では45.9 cm，21.4 cm，D型では92 cm，29.2 cmに達し，D型養成藻体は他の3種苗に比べ葉長は2倍以上，葉幅も比較的大きい藻体となった．また，養成藻体の中央葉長や葉幅の大きさ，側葉の形成状態から，各種苗ともそれぞれの母藻（天然3年目藻体）と概ね同様の特徴が認められた（図1·5）．

### 1.3.3 最大側葉

A型，B型，C型の3種苗では側葉形成が見られたが，D型種苗では，母藻と同様に養成藻体のいずれの個体にも認められなかった．

側葉形成開始時期は，A型では養成開始後4ヶ月後，B型では6ヶ月後，C型では5ヶ月後に認められ，種苗によって形成開始時期が異なっていた．6月の最大側葉の長さと幅，側葉形成枚数(片側)の平均値は，A型が2.3 cm，1.3 cm，2.6枚，B型が1.4 cm，0.8 cm，1.6枚，C型が2.7 cm，1.7 cm，1.9枚で，それ以降は中央葉長の減少に伴って側葉の長さおよび枚数も減少し，12月には極

小値となったが，翌年2007年1月には再び生長し始め，1年6ヶ月後の6月には長さ，幅および枚数の平均値はA型がそれぞれ26.0 cm, 8.9 cm, 7.5枚，B型が10.8 cm, 4.7 cm, 7.4枚，C型が9.0 cm, 5.9 cm, 5.6枚となった．

### 1.3.4 茎状部

茎長はいずれのA型藻体の種苗も6月頃まで急速に伸長し，A型とC型は6月には，それぞれ7.6 cm, 12.6 cm, B型は5月に4.6 cmと最大となったが，その後は伸長が停滞することや，大型個体が脱落するため，12月から1月にかけてはいずれの種苗でも小さな値に抑えられ，A型2.6 cm, B型4.3 cm, C型6.8 cmとなった．その後翌年の6月までは再度伸長してA型7.8 cm, B型5.1cm, C型8.6 cmに達した．D型種苗は沖出し後5月まで順調に生長した．それ以降は9月までやや停滞気味となったが20.6 cmに達し最大となった．その後他の3型と同様に伸長の停滞と大型個体の脱落によって，12月には12.1 cmに平均値が減少したが，1月からは次第に伸長し，翌年の6月には20.0 cmにまで回復した．

### 1.3.5 栄養繁殖による新葉条の形成

匍匐仮根からの栄養繁殖による葉条の発出は，クロメやカジメとは異なるツルアラメ特有の特徴である．A型，B型，C型の3種苗の葉条形成時期はいずれも養成開始4ヶ月後から認められたが，6月以降9月までの末枯れ期にはほとんど認められなかった．その後12月以降の葉状部再生期から翌年1～6月の生長期には1個体当たり十数本の新たな葉条の発出が認められ，中でもD型種苗は比較的多く発出することがわかった．

## 1.4 天然3齢および養成18ヶ月後の藻体の形態比較

ツルアラメ4型の形態的な違いや特徴を表すと見なされる葉条の4部位（中央葉長，中央葉幅，側葉長，茎長）について，天然の3齢藻体（図1·6）と18ヶ月後の養成藻体を比較した（図1·7）．

天然の3齢藻体の中央葉長と中央葉幅の平均値はそれぞれA型では27.2±

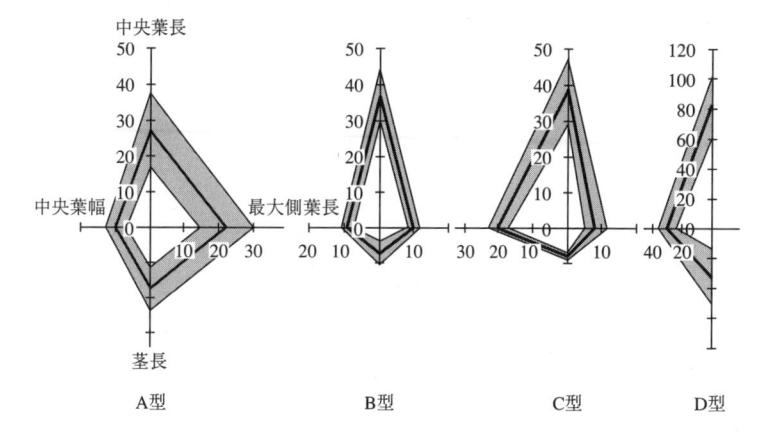

図1・6 ツルアラメ4型（A型，B型，C型，D型）の3齢天然藻体の4部位（中央葉長，中央葉幅，最大側葉長，茎長）の比較．太線：平均値，射影部：標準偏差．単位：cm．

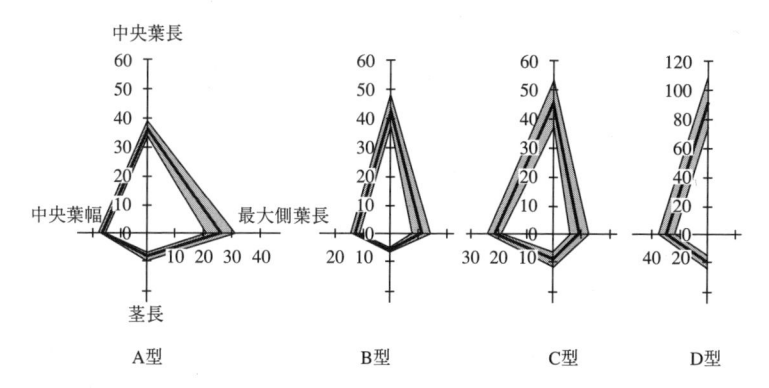

図1・7 ツルアラメ4型（A型，B型，C型，D型）の養成18ヶ月後の藻体の4部位（中央葉長，中央葉幅，最大側葉長，茎長）の比較．太線：平均値，射影部：標準偏差．単位：cm．

10.1 cm と 9.8 ± 3.0 cm，B 型では 36.6 ± 7.4 cm と 9.2 ± 1.7 cm，C 型では 38.1 ± 8.9 cm と 20.1 ± 2.7 cm で，中央葉長は A 型から B 型，C 型へと順に大きくなり，中央葉幅は A 型が最も小さく C 型が最も大きかった．D 型の中央葉長と中央葉幅の平均値はそれぞれ 80.7 ± 18.8 cm と 30.4 ± 4.2 cm で，中央葉長は他の3型の2.1〜2.7倍，葉幅は1.5〜3.3倍であった．

最大側葉長の平均値は，A 型では 22.3 ± 7.7 cm，B 型では 9.9 ± 1.6 cm，C 型では 8.0 ± 3.1 cm で，D 型には側葉は認められなかった．したがって，最大

側葉長はA型が最も大きく，次いでB型，C型へと順に短くなり，C型はA型の約1/3であった．また，最大側葉長に対する中央葉幅の割合は，A型では約2.4倍で側葉が長く，B型では約1.1倍で，ほぼ同等，C型では約0.4倍で，側葉は中央葉幅の1/2弱となった．

茎長の平均値はA型が17.5±5.9cm，B型が7.5±3.4cm，C型が7.9±1.1cmとなり，A型が最も長く，B型，C型の順に短くなった．また，D型では31.7±18.8cmで，他の3型1.8〜4.2倍で最も長かった．

したがって，4型はグラフの外形から，四角形となるA，B，Cの3型と三角形となるD型に大きく分けられ，A，B，Cの3型は中央葉長と最大側葉長の対比に特徴が表れ，ほぼ左右対称となるB型に対し，最大側葉長の大きいA型，中央葉長の大きいC型として把握することができた．

養成18ヶ月目の4型種苗（図1・7）のグラフから，中央葉長と中央葉幅の平均値はそれぞれ，A型では36.3±2.4cmと16.5±1.0cm，B型では42.7±5.1cmと12.4±1.6cm，C型では45.9±7.7cmと21.4±2.5cm，D型では92.0±17.5cmと29.2±5.5cmとなり，中央葉長はA型からB型，C型へと順に大きくなり，中央葉幅はC型が最も大きく，B型が最も小さく，天然藻体の特徴と同様の傾向を示した．さらに，D型種苗は他の3型種苗に比べ顕著に大きく，中央葉長と中央葉幅はそれぞれ2.0〜2.5倍，1.4〜2.4倍となり，天然のA型，B型，C型3藻体の比（葉長2.1〜2.7倍，葉幅は1.5〜3.3倍）に比べ葉幅ではやや小さいものの，葉長ではほぼ同様の比を示し，養成種苗にも天然藻体の特徴が認められた．

最大側葉長の平均値を比較すると，A型では26.0±4.9cm，B型では10.8±3.3cm，C型では9.0±3.3cmで，D型種苗には側葉が生成されなかった．したがって，A型が最も長く，B型はA型の約1/3〜1/2，C型はA型の1/3で，養成種苗に最大側葉長の特徴が概ね天然藻体と同様の傾向が表れた．また，最大側葉長の中央葉幅に対する割合については，概ねA型は1.6倍と最大側葉長が長く，B型は0.9でほぼ同等，Cでは0.4となり，天然藻体（A型：2.4倍，B型：1.1倍，A型：0.4倍）で認められた傾向とほぼ一致した．

茎長の平均値はA型では7.8±1.2cm，B型では5.1±0.8cm，C型では8.6±2.4cmで，3型ともにほぼ同等で，A型およびB型は天然藻体に比べ短かった．

また，D 型養成藻体では 20.0 ± 4.3 cm で，A 型，B 型，C 型の 3 種苗の 2.3～3.9 倍と大型で，天然藻体の値より大きくなった．

以上のことから，18 ヶ月目の養成藻体の外形的特徴は，天然の 3 年目藻体と概ね一致し，成体の形状に達したものと考えられた．また，中央葉長に対する最大側葉長の比率は 4 型の判別に有効な形態的特徴となりえると判断され，4 型種苗からの養成藻体のでも 18 ヶ月後には，葉条の外形の特徴は天然藻体におけるそれと同様に A 型，B 型，C 型 3 種苗（四角形）と D 型種苗（三角形）に大きく分けられ，A 型，B 型，C 型 3 種苗では最大側葉長の大きい A 型，左右対称の B 型，中央葉長の大きい C 型となり，いずれの種苗も母藻の形態的特徴を受け継いでいることが明瞭となった．

## 1.5 天然藻体および養成藻体 4 型の主成分分析

天然藻体 3 齢個体と養成藻体 18 ヶ月目の藻体の各部位の測定値や，部位ごとの比などを計算した結果を表 1·1, 1·2 に示した．さらに，それを基に計算された 4 型 6 形質の第 1 および第 2 主成分および A 型，B 型，C 型藻体 3 型の 7 形質による第 1 から第 3 主成分に関する数値表を表 1·3～1·6 に示した．これらの結果で得られたツルアラメ藻体各型の第 1 および第 2 主成分分布を図 1·8～図 1·11 に示した．

天然藻体 4 型の側葉に関する形質を除いた 6 形質についての各主成分分布を図 1·8 に示した．その結果，A 型，B 型，C 型の 3 群と D 型群の分布範囲はそれぞれが重なり合う部分をもたずに明瞭に分離できた．しかし，A 型，B 型，C 型群 3 型では分布範囲が密着または重なり合い分離はできなかった．そこで，A 型，B 型，C 型群 3 型間では，7 形質で分析した結果（図 1·9），3 型は明瞭に異なる分布範囲を示した．このことは種苗から養成した 18 ヶ月後の藻体 A 型，B 型，C 型の側葉形成型および D 型の 2 群間および で A 型，B 型，C 型群 3 型間でもそれぞれの分布範囲と位置は同様の傾向が認められ，明確に分離された（図 1·10, 1·11）．したがって，天然藻体や養成 18 ヶ月後の藻体の形態形質の主成分分析の結果からも，形態的に異なる 4 型が存在し，その形質は発芽 1 年半後には発現され，世代を超えて継承されたため，それぞれの型は遺伝的にある程度固

定された系統としての可能性が示唆された．

表 1・1　ツルアラメ天然藻体（3 齢）4 型（A, B, C, D）の全長，中央葉の長さ・幅，茎長，最大側葉の長さ・幅，側葉数および中央葉長/中央葉幅，中央葉長/茎長，最大側葉長/中央葉幅，最大側葉長/最大側葉幅とそれぞれの F 値（自由度）．

| 測定部位 | 保々見 (A) n=20 | 青谷 (B) n=20 | 赤灘口 (C) n=20 | 菱浦 (D) n=20 | F 値 (df：自由度) |
|---|---|---|---|---|---|
| 全長 平均値±標準偏差 (cm) | 44.7 ± 11.4 | 44.1 ± 8.1 | 46.0 ± 8.8 | 112.4 ± 23.7 | 103.90 (3, 76) ** |
| 中央葉長 平均値±標準偏差 (cm) | 27.2 ± 10.1 | 36.6 ± 7.4 | 38.1 ± 8.9 | 80.7 ± 18.8 | 73.22 (3, 76) ** |
| 中央葉幅 平均値±標準偏差 (cm) | 9.8 ± 3.0 | 9.2 ± 1.7 | 20.1 ± 2.7 | 30.2 ± 5.9 | 139.06 (3, 76) ** |
| 茎長 平均値±標準偏差 (cm) | 17.5 ± 5.9 | 7.5 ± 3.4 | 7.9 ± 1.1 | 31.7 ± 18.8 | 24.51 (3, 76) ** |
| 最大側葉長 平均値±標準偏差 (cm) | 22.3 ± 7.7 | 9.9 ± 1.6 | 8.0 ± 3.1 | — | 48.70 (2, 57) ** |
| 最大側葉幅 平均値±標準偏差 (cm) | 6.4 ± 1.1 | 3.1 ± 0.6 | 4.7 ± 1.8 | — | 33.66 (2, 57) ** |
| 側葉数 平均値±標準偏差 (枚) | 6.3 ± 0.6 | 7.2 ± 0.9 | 5.4 ± 1.1 | — | 19.17 (2, 57) ** |
| 中央葉長/中央葉幅 平均値±標準偏差 | 2.8 ± 0.7 | 4.1 ± 0.8 | 1.9 ± 0.4 | 2.7 ± 0.7 | 7.82 (3, 76) ** |
| 中央葉長/茎長 平均値±標準偏差 | 1.7 ± 0.0.7 | 5.8 ± 2.5 | 5.0 ± 1.6 | 2.7 ± 0.7 | 17.22 (3, 76) ** |
| 最大側葉長/中央葉幅 平均値±標準偏差 | 2.4 ± 0.7 | 1.1 ± 0.1 | 0.4 ± 0.1 | — | 102.12 (2, 57) ** |
| 最大側葉長/最大側葉幅 平均値±標準偏差 | 3.5 ± 0.2 | 3.3 ± 0.9 | 1.8 ± 0.5 | — | 22.50 (2, 57) ** |

ANOVA, **$p < 0.01$

表1·2 養成18ヶ月後のツルアラメ4型（A, B, C, D）藻体の全長，中央葉の長さ・幅，茎長，最大側葉の長さ・幅，側葉数および，中央葉長/中央葉幅の比率，中央葉長/茎長の比率，最大側葉長/中央葉幅の比率，最大側葉長/最大側葉幅とそれぞれのF値（自由度）．

| 測定部位 | 保々見 (A) n=10 | 青谷 (B) n=10 | 赤灘口 (C) n=10 | 菱浦 (D) n=10 | F値 (df：自由度) |
|---|---|---|---|---|---|
| 全長 平均値±標準偏差（cm） | 44.1 ± 2.9 | 47.8 ± 4.9 | 54.4 ± 8.3 | 112.0 ± 16.4 | 98.85 ** (3, 36) |
| 中央葉長 平均値±標準偏差（cm） | 36.3 ± 2.4 | 42.7 ± 5.1 | 45.9 ± 7.7 | 92.0 ± 17.5 | 52.20 ** (3, 36) |
| 中央葉幅 平均値±標準偏差（cm） | 16.5 ± 1.0 | 12.4 ± 1.6 | 21.4 ± 2.5 | 29.2 ± 5.5 | 46.97 ** (3, 36) |
| 茎長 平均値±標準偏差（cm） | 7.8 ± 1.2 | 5.1 ± 0.8 | 8.6 ± 2.4 | 20.0 ± 4.3 | 58.18 ** (3, 36) |
| 最大側葉長 平均値±標準偏差（cm） | 26.0 ± 4.9 | 10.8 ± 3.3 | 9.0 ± 3.3 | ― | 51.69 ** (2, 27) |
| 最大側葉幅 平均値±標準偏差（cm） | 8.9 ± 2.7 | 4.7 ± 1.1 | 5.9 ± 1.7 | ― | 11.10 ** (2, 27) |
| 側葉数 平均値±標準偏差（枚） | 7.5 ± 0.8 | 7.4 ± 0.8 | 5.6 ± 1.5 | ― | 8.97 ** (2, 27) |
| 中央葉長/中央葉幅 平均値±標準偏差 | 2.2 ± 0.2 | 3.5 ± 0.5 | 2.2 ± 0.2 | 3.2 ± 0.5 | 27.57 ** (3, 36) |
| 中央葉長/茎長 平均値±標準偏差 | 4.8 ± 0.8 | 8.6 ± 1.8 | 5.9 ± 1.8 | 5.0 ± 2.3 | 8.84 ** (3, 36) |
| 最大側葉長/中央葉幅 平均値±標準偏差 | 1.6 ± 0.4 | 0.9 ± 0.3 | 0.4 ± 0.2 | ― | 35.80 ** (2, 27) |
| 最大側葉長/最大側葉幅 平均値±標準偏差 | 3.2 ± 1.1 | 2.3 ± 0.4 | 1.6 ± 0.4 | ― | 12.65 ** (2, 27) |

ANOVA, $**p < 0.01$

表1·3 ツルアラメ天然藻体4型（A, B, C, D）における6形質の第1～2主成分の固有ベクトルと因子負荷量，固有値，寄与率，累積寄与率．

| 形質 | 第1主成分 ($Z_1$) | | 第2主成分 ($Z_2$) | |
|---|---|---|---|---|
| | 固有ベクトル | 因子負荷量 | 固有ベクトル | 因子負荷量 |
| 全長 | 0.54 | 0.97 | 0.09 | 0.11 |
| 中央葉長 | 0.49 | 0.87 | 0.35 | 0.44 |
| 中央葉幅 | 0.48 | 0.86 | 0.18 | 0.23 |
| 茎長 | 0.43 | 0.77 | − 0.39 | − 0.49 |
| 中央葉長/中央葉幅 | − 0.22 | − 0.39 | 0.39 | 0.48 |
| 中央葉長/茎長 | − 0.07 | − 0.13 | 0.73 | 0.91 |
| 固有値 | 3.21 | | 1.56 | |
| 寄与率 | 0.53 | | 0.26 | |
| 累積寄与率 | 0.53 | | 0.79 | |

表1・4 ツルアラメ天然藻体の側葉を形成する3型（A, B, C）における7形質の第1～3主成分の固有ベクトルと因子負荷量，固有値，寄与率，累積寄与率．

| 形　質 | 第1主成分 ($Z_1$) | | 第2主成分 ($Z_2$) | | 第3主成分 ($Z_3$) | |
|---|---|---|---|---|---|---|
| | 固有ベクトル | 因子負荷量 | 固有ベクトル | 因子負荷量 | 固有ベクトル | 因子負荷量 |
| 中央葉長 | −0.19 | −0.33 | −0.19 | −0.25 | 0.78 | 0.89 |
| 中央葉幅 | −0.42 | −0.74 | 0.34 | 0.44 | 0.38 | 0.44 |
| 最大側葉長 | 0.47 | 0.84 | 0.28 | 0.37 | 0.31 | 0.36 |
| 最大側葉幅 | 0.21 | 0.37 | 0.60 | 0.79 | 0.19 | 0.22 |
| 中央葉長/中央葉幅 | 0.24 | 0.43 | −0.59 | −0.78 | 0.19 | 0.22 |
| 最大側葉長/中央葉幅 | 0.54 | 0.95 | 0.15 | 0.20 | −0.07 | −0.08 |
| 最大側葉長/最大側葉幅 | 0.41 | 0.73 | −0.22 | −0.29 | 0.26 | 0.30 |
| 固有値 | 3.11 | | 1.74 | | 1.31 | |
| 寄与率 | 0.44 | | 0.25 | | 0.19 | |
| 累積寄与率 | 0.44 | | 0.69 | | 0.88 | |

表1・5 ツルアラメ養成18ヶ月藻体4型（A, B, C, D）における6形質の第1～2主成分の固有ベクトルと因子負荷量，固有値，寄与率，累積寄与率．

| 形　質 | 第1主成分 ($Z_1$) | | 第2主成分 ($Z_2$) | |
|---|---|---|---|---|
| | 固有ベクトル | 因子負荷量 | 固有ベクトル | 因子負荷量 |
| 全長 | 0.52 | 0.99 | 0.13 | 0.16 |
| 中央葉長 | 0.50 | 0.95 | 0.20 | 0.26 |
| 中央葉幅 | 0.46 | 0.88 | −0.15 | −0.20 |
| 茎長 | 0.48 | 0.91 | −0.20 | −0.26 |
| 中央葉長/中央葉幅 | 0.15 | 0.28 | 0.65 | 0.83 |
| 中央葉長/茎長 | −0.14 | −0.27 | 0.67 | 0.86 |
| 固有値 | 3.63 | | 1.61 | |
| 寄与率 | 0.61 | | 0.27 | |
| 累積寄与率 | 0.61 | | 0.88 | |

表1·6 ツルアラメ養成18ヶ月の側葉を形成する藻体3型 (A, B, C) 7形質の第1〜3主成分の固有ベクトルと因子負荷量, 固有値, 寄与率, 累積寄与率.

| 形質 | 第1主成分 ($Z_1$) | | 第2主成分 ($Z_2$) | | 第3主成分 ($Z_3$) | |
|---|---|---|---|---|---|---|
| | 固有ベクトル | 因子負荷量 | 固有ベクトル | 因子負荷量 | 固有ベクトル | 因子負荷量 |
| 中央葉長 | −0.38 | −0.70 | 0.09 | 0.13 | −0.55 | −0.57 |
| 中央葉幅 | −0.21 | −0.38 | 0.65 | 0.90 | 0.04 | 0.04 |
| 最大側葉長 | 0.52 | 0.96 | 0.14 | 0.20 | −0.17 | −0.18 |
| 最大側葉幅 | 0.37 | 0.68 | 0.36 | 0.50 | −0.49 | −0.51 |
| 中央葉長/中央葉幅 | −0.09 | −0.16 | −0.63 | −0.87 | −0.44 | −0.45 |
| 最大側葉長/中央葉幅 | 0.52 | 0.96 | −0.06 | −0.09 | −0.24 | −0.25 |
| 最大側葉長/最大側葉幅 | 0.38 | 0.71 | −0.16 | −0.22 | 0.41 | 0.42 |
| 固有値 | 3.45 | | 1.92 | | 1.06 | |
| 寄与率 | 0.49 | | 0.27 | | 0.15 | |
| 累積寄与率 | 0.49 | | 0.76 | | 0.91 | |

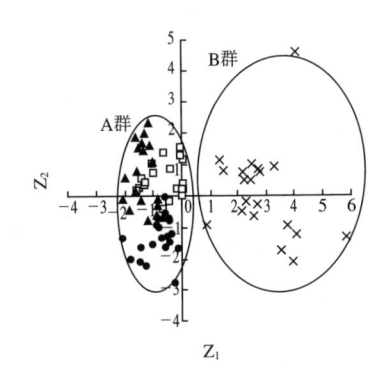

図1·8 ツルアラメ天然藻体4型 (A:●, B:▲, C:□, D:×) 6形質の主成分分析で得られた第1 ($Z_1$) および第2 ($Z_2$) 主成分分布.

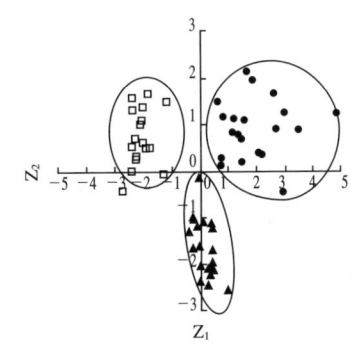

図1·9 ツルアラメ天然藻体の側葉形成する3型 (A:●, B:▲, C:□) の7形質の主成分分析で得られた第1 ($Z_1$) および第2 ($Z_2$) 主成分分布.

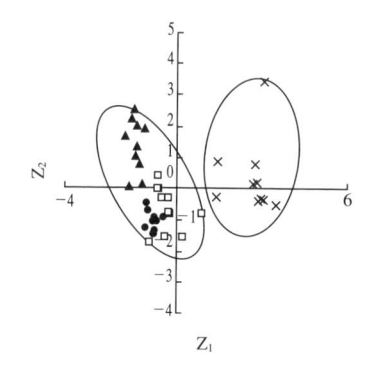

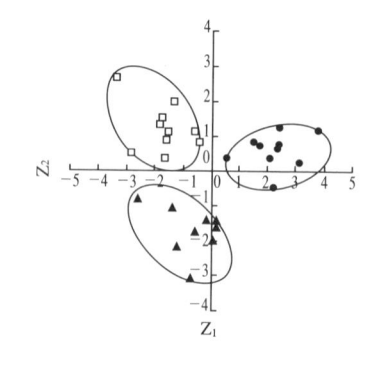

図 1・10 ツルアラメ養成 18 ヶ月藻体 4 型（A：●，B：▲，C：□，D：×）6 形質の主成分分析で得られた第 1（$Z_1$）および第 2（$Z_2$）主成分分布．

図 1・11 ツルアラメ養成 18 ヶ月藻体の側葉形成する 3 型（A：●，B：▲，C：□）の 7 形質の主成分分析で得られた第 1（$Z_1$）および第 2（$Z_2$）主成分分布．

## 1.6 仮根，付着器

　側葉形成する A，B，C 型種苗の仮根の発達過程や D 型の仮根の形状を図 1・8 に示した．

　側葉形成する 3 種苗の養成藻体の仮根の生長過程（図 1・12，A〜D）はいずれもほぼ同様であった．種苗の養成開始後，次第に仮根は匍匐枝状に伸長，分枝しながら旺盛に生長し，4 ヶ月後の 2006 年 4 月には，匍匐枝状仮根の先端がやや上方に湾曲すると同時に，次第に扁平となり，小さな葉状部を形成して，栄養繁殖的な葉条を形成し始めた（図 1・12B）．匍匐枝の腹面側からは，列をなして複数の短い仮根枝をほぼ基質に垂直に伸ばし，その先端が基質に到達すると小さな吸盤状の付着器を形成して基質に密着した（図 1・12A，D）．6 ヶ月後の 6 月には多数の匍匐枝状仮根の先端から小さな二次葉が形成されるとともに，それぞれの生長がみられた（図 1・12B）．12 ヶ月後 12 月には匍匐枝は老成するとともに一部は腐朽，劣化がみられたが，この時期には茎状部の旧仮根発出部の上位から新たな匍匐仮根の発出が認められ（図 1・12C），13 ヶ月後の 2007 年 1 月には，それらが急速に伸長し，旧仮根を上部から被うように放射状に多数の匍匐枝が多数発出し，伸長して新たな匍匐枝の腹側面から多数の小さな吸盤をもつ付着器を

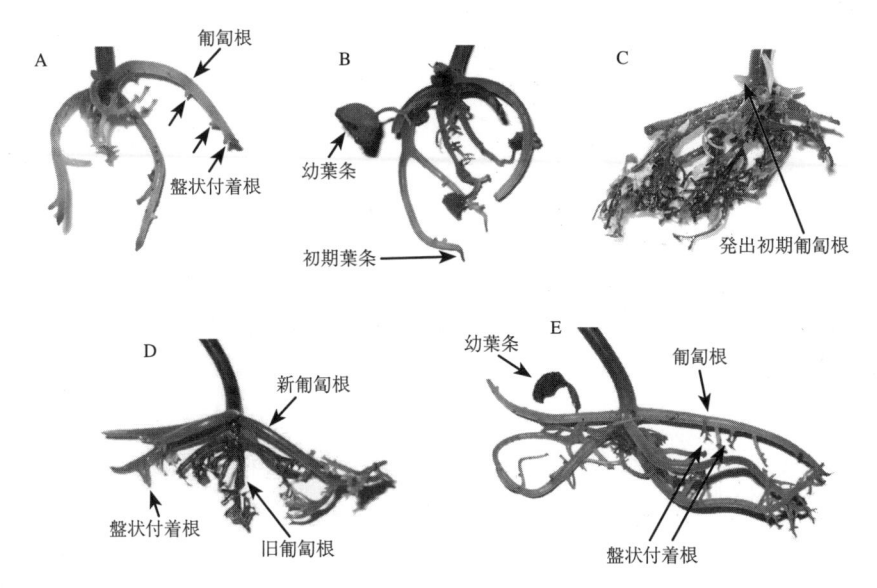

図 1·12　ツルアラメ養成藻体の仮根．A−D：A 型藻体の仮根の発達過程．A：種苗養成開始後 4 ヶ月（2006 年 4 月），B：6 ヶ月（2006 年 6 月），C：12 ヶ月（2006 年 12 月），D：13 ヶ月（2007 年 1 月），E：D 型藻体の種苗養成開始後 6 ヶ月（2006 年 6 月）．

拡大し始めた（図 1·12D）．ほとんど側葉が形成されていない D 型藻体の仮根の匍匐，分枝や新葉条形成，新匍匐仮根の発出部位，吸盤状の付着器の形成状況などは側葉が明瞭に形成される A 型，B 型，C 型種苗とほぼ同様であるが，仮根匍匐枝の伸長度合いが A 型，B 型，C 型の 3 型に比べ大きく，特に養成開始 6 ヶ月後の 6 月には大きく伸長する傾向が見られた（図 1·12E）．

## 1.7　まとめ

研究では島根県隠岐諸島島前沿岸から葉形の異なる 4 型を発見し，それぞれの種苗を同一条件下で養成して 1 年半にわたって生長過程を詳細に観察した．さらに，それぞれの 3 齢天然藻体と葉形が成体の形体的特徴を示すと見なされた養成 1 年半後の葉形を，最も各型の特徴を反映すると考えられた央葉長，中央葉幅，最大側葉長，茎長の値を各軸に表したグラフと中央葉長，中央葉幅，茎長，最大側葉長，最大側葉幅，中央葉長/中央葉幅，中央葉長/茎長，最大側葉長/中央葉

幅,最大側葉長/最大側葉幅の6形質または7形質を用いた主成分分析によって比較した.その結果,4型は天然および養成藻体のいずれも各型の形態的特性は分離され,その形質は世代を超えて受け継がれることが明らかとなり,ある程度遺伝的に固定された系統としての特性と推察された.

しかし,ここでは分子解析的検討については示さなかったが,種レベルでは同一種と見なされる結果を得ており,また,4型それぞれのITS-Iの塩基配列の比較から,極わずかな部分で塩基置換または欠損による違いが認められている.

(林 裕一・四ツ倉典滋・能登谷正浩)

## 引用文献

新井章吾・寺脇利信・筒井功・吉田忠生(1997):藻類,45,15-19.
石田健二・由木雄一(1996):水産増殖,44,241-247.
川嶋昭二(1989):日本産コンブ類図鑑,北日本海洋センター,pp.132-135.
Notoya, M.(1988):*Jpn. J. Phycol.*,36,175-177, 1988.
能登谷正浩(2003):藻場の海藻と造成技術(能登谷正浩編著),成山堂書店,pp.122-144.
寺脇利信・川崎保夫・本多正樹・山田貞夫・丸山康樹・五十嵐由雄(1991):電力中央研究報告,No.U91022,1-69.
寺脇利信・新井章吾(2004):有用海藻誌(大野正夫編著),内田老鶴圃,pp.152-153.

| 第 2 章 |

# カジメ属の生物特性 —和歌山県沿岸—

## 2.1 カジメとクロメの種の多様性について

　和歌山県沿岸に見られるカジメ属（*Ecklonia*）はカジメ（*E. cava* Kjellman）とクロメ（*E. kurome* Okamura）の2種が知られている．これら2種は単条の中央葉をもち，両縁から側葉を羽状に出す点で形態が酷似しており，同属のツルアラメ（*E.stolonifera* Okamura）で見られるストロンで栄養繁殖するような生態的な違いも認められない．また，その分布に明確な違いはなく，太平洋側では茨城県大洗以南，日本海側で新潟県柏崎以南の沿岸に概ねそれぞれを補完するように生育する．

　クロメは一般にカジメより浅い水深帯に生え，葉体がやや小さく，側葉の葉面に皺ができ，老成体の茎中央部が実質で中空にならない，中央葉がカジメほど厚くならない，中央葉の厚さが中央部と縁辺部でほぼ同じである，2年目以降の葉体は夏期に濃褐色になる，などの特徴によりカジメと区別される（岡村，1927；川島，1993；大野，1993）．しかし，和歌山県日高町比井崎では水深25mの深所にクロメの生育が確認されているほか（山内ら，1997），瀬戸内海では葉長が1mを越える大型になるクロメの存在が報告されている（大野，1993）．また，クロメは産地によってその形態が大きく異なることが種の記載当初から指摘されており，岡村（1936）は基準種以外に生育場所や環境の違いによる形態変異として3品種（f.*contorta* Okamura，f.*plana* Okamura，f.*latissima* Okamura）を追記している．他方，カジメについても，山口県の日本海沿岸で葉状部の先端部分付近にのみ皺がある藻体の生育（松井ら，1981）や，土佐湾で茎状部が短く小型で皺が不明瞭な藻体の生育（大野・石川，1982），更には伊豆や三浦，千葉県外房海域で茎状部が長い大型藻体の生育（林田，1977；今井，1988；Aruga *et al*., 1997；芹沢ら，2001；Serisawa *et al*., 2002；田中ら，

2002) が確認されており，クロメと同様に形態変異が大きい種として認識されている．このような形態変異は，年齢や季節のほか，生育水深や波浪の強弱，年間水温などの環境条件が一因になることが知られているが（岡村，1936；大野・石川，1982；Tsutsui *et al.*, 1996；筒井・大野，1992；Serisawa *et al.*, 2002；芹沢ら，2002，2003），一方で両種の交雑藻体が中間的な皺を形成することや茎長の異なるカジメの移植試験で形態が変化しないことが報告されており（右田，1984；Serisawa *et al.*, 2003），これらは遺伝的要因の関与を強く示唆している．

　カジメやクロメで構成される海中林は，サザエやアワビ類の主要な漁場となることから本州中部以南の沿岸域で重要な藻場と位置づけられている．しかし，近年は磯焼けによって全国的にこれらの藻場が消失しており，その回復のために他の場所で採取した母藻や種苗の移植が積極的に行われている（中島，2003）．したがって，今後両種が混同した無秩序な移植を行わないために，上記の分類指標を含めた様々な形質の中から遺伝的に定まった部分と環境条件や年齢によって変異する部分を明らかにし，種の判別に有効な形質および遺伝的多様性を明らかにすることは重要かつ緊急の課題である．

　そこで筆者らは，和歌山県の紀伊水道から熊野灘に至る沿岸域からカジメやクロメを採取し，それぞれの形態的特徴や分子生物学的特徴（特定DNA領域の塩基配列やプロテオーム情報），更には各地域の藻体から得た配偶体や培養胞子体の生理特性を比較し，両種を明確に識別できる指標について検証を行った．

## 2.2　和歌山県におけるカジメ属の形態変異

### 2.2.1　カジメ属の分布と形態調査

　和歌山県沿岸におけるカジメ属の分布は，黒潮の影響が強い枯木灘を除く広い範囲で確認されている（山内ら，1995，1996，1997）．このうち，カジメは和歌山市から御坊市にかけての紀伊水道沿岸と串本町から新宮市に至る熊野灘沿岸に断続的に生育し，クロメは日ノ御埼の北側に位置する日高町比井崎とみなべ町から白浜町にかけての紀伊水道外域，および熊野灘の串本町田原周辺で局所的に生育している（図2・1）．

　形態調査は，県下沿岸9ヶ所：加太（和歌山市），千田（有田市），比井崎（日

## 2.2 和歌山県におけるカジメ属の形態変異　33

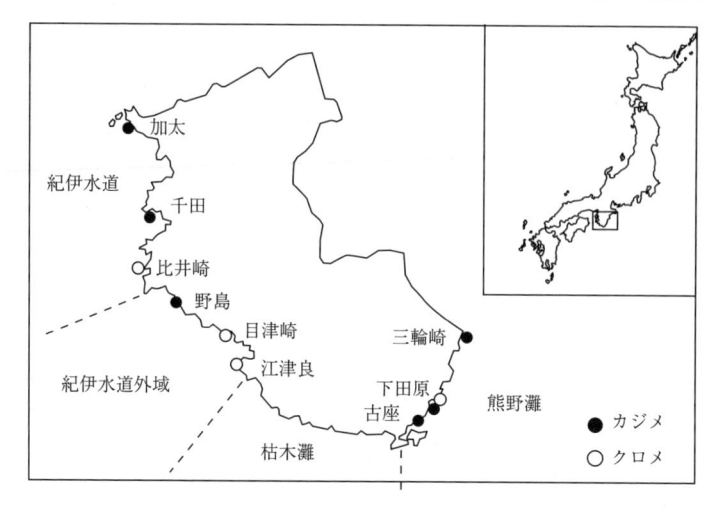

図 2・1　カジメ属の調査場所

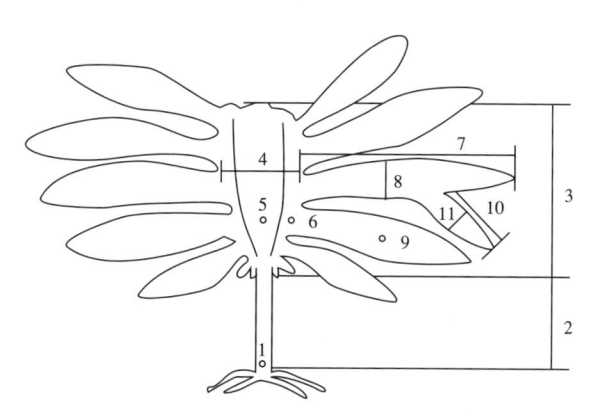

図 2・2　藻体の測定部位

1. 茎径, 2. 茎長, 3. 中央葉長, 4. 中央葉幅, 5. 中央葉中央部葉厚,
6. 中央葉縁辺部葉厚, 7. 第一側葉長, 8. 第一側葉幅, 9. 第一側葉厚,
10. 第二側葉長, 11. 第二側葉幅.

高町), 野島 (御坊市), 目津崎 (みなべ町), 江津良 (白浜町), 古座 (串本町), 下田原 (串本町), 三輪崎 (新宮市) で, 藻体が衰退期を迎える直前の9～10月に実施した. 藻体の採取は, スキューバ潜水により, それぞれの群落を代表する形態的特徴を示す大型藻体20個体を選び出し, スクレイパーを用いて仮根ご

と剥離採取した．形態の測定部位は，Tsutsui et al. (1996) の測定方法に準じ，中央葉の4項目（葉長，葉幅，中央部と縁部の葉厚，皺の有無），第一側葉の6項目（葉長，葉幅，葉厚，5cm以上の側葉数，皺の有無，鋸歯の形状），第二側葉の3項目（葉長，葉幅，側葉数），茎状部の2項目（茎径，茎長）について計測を行った（図2・2）．また，藻体の色彩については，微妙な色の違いを表記した赤潮観察水色カード（瀬戸内海水産開発協議会）に照らして最も近い色を選択した．

### 2.2.2 各地の形態的特徴

和歌山県沿岸に分布するカジメやクロメは，色彩のほか茎状部（茎径，茎長）や中央葉（中央葉長，葉厚），側葉（側葉数，葉長/葉幅比，鋸歯の形状，皺の様態，第二側葉の発達程度）などの形態に大きな地域差が認められた．しかし，各群落内においてそれらの特徴は類似しており，同一産地内での変異の幅は小さかった．両種の最も大きな形態差である側葉表面の皺の無（カジメ）・有（クロメ）により同定した代表的な藻体を図2・3，2・4に示す．

加太産：藻体の側葉表面に皺は観察されず，カジメと同定した．色彩はすべて黒褐色（赤潮観察水色カード6番）を呈していた．第一側葉は披針形で，その葉縁には大小2種類からなる重鋸歯が観察された．また，中央葉長に占める5cm以上の片側側葉数の割合を示す指標（Primary Pinna Number Index：PPNI）は平均 $0.57 \pm 0.13$ で他のいずれの産地の値よりも小さかった．

千田産：藻体の側葉表面に皺は観察されず，カジメと同定した．色彩は加太産と同様にすべて黒褐色（赤潮観察水色カード6番）を呈していた．中央葉厚は平均 $2.4 \pm 0.4$ mm とすべての産地の中で最も薄かった．第一側葉は披針形で，その葉縁には大小2種類からなる重鋸歯が観察された．

比井崎産：藻体の側葉表面に明瞭な皺が観察され，クロメと同定した．色彩はすべて暗褐色（赤潮観察水色カードの24番）を呈していた．中央葉の縁辺部と中央部の葉厚比は $0.53 \pm 0.13$ で，他のいずれの産地の値よりも大きかった．第一側葉は長円形または披針形をしており，葉縁には鋭頭もしくは鈍頭の鋸歯が観察された．第二側葉数は平均 $5.5 \pm 2.1$ 枚と他のいずれの産地よりも多かった．

図2・3 和歌山県沿岸におけるカジメの形態的特徴.
1:加太,2:千田,3:野島,4:古座,5:三輪崎
左の列は全体像,中央の列は中央葉付近,右の列は側葉部.
バーのスケールは30 cm.

36　第2章　カジメ属の生物特性－和歌山県沿岸－

図2・4　和歌山県沿岸におけるクロメの形態的特徴.
1：比井崎，2：目津崎，3：江津良，4：下田原
左の列は全体像，中央の列は中央葉付近，右の列は側葉部.
バーのスケールは30 cm.

**野島産**：藻体の側葉表面に皺は観察されず，カジメと同定した．色彩はすべて茶褐色（赤潮観察水色カードの33番）を呈していた．藻体中央部の中央葉厚は平均 $4.3 \pm 0.5$ mm とすべての産地の中で最も厚く，縁辺部葉厚/中央部葉厚の比（平均 $0.34 \pm 0.04$）は他のいずれの産地の値よりも小さかった．第一側葉は披針形をしており，その葉縁には鈍頭の鋸歯が認められた．

**目津崎産**：藻体の側葉表面に明瞭で密な皺が観察され，クロメと同定した．

色彩は暗褐色もしくは茶褐色（赤潮観察水色カードの24, 33番）を呈していた．第一側葉は長円形もしくは披針形をしており，葉縁には鋭頭もしくは鈍頭の鋸歯が観察された．

**江津良産**：藻体の側葉表面に明瞭で密な皺が観察され，クロメと同定した．色彩は暗褐色もしくは茶褐色（赤潮観察水色カードの24, 33番）を呈していた．第一側葉は葉長（平均 26.9 ± 4.8 cm）が最も短く，葉幅（平均 7.3 ± 1.9 cm），葉幅/葉長の比（平均 0.26 ± 0.08），葉厚（平均 1.1 ± 0.2 mm）は最大で，形は長円形をしており，葉縁に鋭頭の大きな鋸歯が観察された．また，PPNI値は平均 1.18 ± 0.48 で他のいずれの産地の値よりも大きかった．第二側葉の平均葉長（9.7 ± 4.3 cm）と葉幅（2.6 ± 1.0 cm）は採取した産地の中で最小であった．

**古座産**：藻体の側葉表面に皺は観察されず，カジメと同定した．色彩は暗褐色もしくは茶褐色（赤潮観察水色カードの24, 33番）を呈していた．第一側葉は葉長が平均 50.5 ± 8.4 cm で他のいずれの産地よりも長く，形は線形をしており，葉縁は全縁であった．第二側葉数は平均 2.8 ± 2.2 枚とすべての産地の中で最も少なかった．

**下田原産**：採取した藻体は，側葉表面に皺のないカジメ，皺のあるクロメ，側葉によって両方の形質を有する両種の中間型の3タイプに分類された．

カジメは色彩が暗褐色もしくは茶褐色（赤潮観察水色カードの24, 33番）を呈していた．茎径は平均 12.5 ± 2.7 mm と他のいずれの産地よりも細く，茎長（平均 9.3 ± 4.6 cm）も短かった．中央葉の葉長（平均 11.8 ± 4.4 cm）や葉幅（平均 4.2 ± 3.6 cm）は他の産地に比べて極端に小さかった．第一側葉は披針形もしくは線形をしており，葉縁は全縁であった．

クロメは色彩が暗褐色もしくは茶褐色（赤潮観察水色カードの24, 33番）を呈していた．茎径（平均 12.7 ± 2.7 mm）や茎長（平均 8.2 ± 4.1 cm），さらに中央葉の葉長（平均 8.8 ± 2.0 cm）や葉幅（平均 3.6 ± 2.3 cm）はカジメと同様に他の産地に比べて小さかった．第一側葉には密や不明瞭な皺が観察され，形は線形または披針形をしており，葉縁に全縁もしくは鋭頭，鈍頭の鋸歯が観察された．

中間型は色彩が暗褐色もしくは茶褐色（赤潮観察水色カードの24, 33番）を呈していた．茎状部や中央葉はカジメやクロメと同様に未発達であった．第一

側葉は皺のあるものとないものが混在しており，形は線形または披針形で，葉縁に全縁もしくは鋭頭，鈍頭の鋸歯が観察された．

　**三輪崎産**：藻体の側葉表面に皺は観察されず，カジメと同定した．色彩は暗褐色もしくは茶褐色（赤潮観察水色カードの 24, 33 番）を呈していた．茎径（平均 22.0 ± 1.4 mm）および茎長（平均 53.2 ± 13.0 cm）は他のいずれの産地よりも太くて長く，中央葉長も平均 23.2 ± 5.1 cm と最長であった．第一側葉は，葉幅と葉長の比が平均 0.07 ± 0.02 と今回の産地別の中で最小となり，形は線形で葉縁は全縁であった．第二側葉は採取したすべての個体で観察され，その葉長は平均 24.5 ± 3.6 cm で他のいずれの産地よりも長かった．

### 2.2.3　異なる年に採取したカジメとクロメの形態の比較

　カジメ属の生活サイクルは，葉状部の伸張が旺盛な生長期，生長が止まり葉状部の厚みが増す充実期，側葉に子嚢斑が形成される成熟期，葉状部の上部から流失する衰退期に大別され，葉状部の大部分は毎年更新される．そこで，各地域で見られる形態的特徴が年ごとに変化するか調べるため，2004 年と 2005 年の 10 月に加太，江津良，三輪崎で大型のカジメまたはクロメを 20 個体ずつ採取し，各部の形態を比較した（図 2・5）．その結果，両年に採取した藻体の形

A：茎長（cm）
B：中央葉長（cm）
C：側葉比（幅 / 長さ）
D：PPNI
　（片側側葉数 / 中央葉長）
E：第二側葉数（枚）

加太産カジメ　　江津良産クロメ　　三輪崎産カジメ

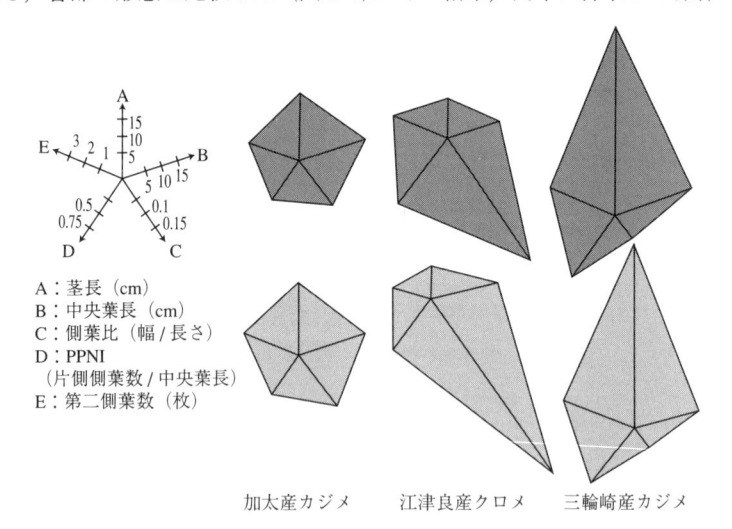

図 2・5　2004 年（ ）と 2005 年（ ）に採取したカジメ・クロメの形態の比較（n = 20）

態のうち茎長，中央葉長，側葉の葉幅/葉長比，PPNI，第二側葉数の特徴は，いずれの地域も年による大きな違いは認められなかった．このことから，和歌山県沿岸のカジメやクロメで見られる多様な形態は，毎年変化する訳ではなく，ある程度は地域によって固定化された形質であると考えられる．

## 2.3 カジメとクロメの形態的な分類指標の有効性

最初に述べた通り，カジメとクロメは側葉表面にできる皺の有無以外に色彩や中央葉，茎状部の特徴が異なるとされている．そこで，クロメの選定基準標本（吉田・寺脇，1990）が採取された和歌山県西牟婁郡瀬戸鉛山に近い江津良産クロメを基準に，側葉表面の皺の有無により分類したカジメ（加太，千田，野島，古座，三輪崎）とクロメ（比井崎，目津崎，江津良）について，皺以外の分類指標の有効性を検証した．

まず，「クロメはカジメに比べて中央葉が薄く，その厚さが中央部から両縁までほぼ一様である」という特徴については，野島産カジメが平均 $4.3 \pm 0.5$ mm で最も中央葉が厚く，以下古座産カジメ（$4.0 \pm 0.7$ mm），三輪崎産カジメ（$3.8 \pm 0.4$ mm），加太産カジメ（$3.7 \pm 0.6$ mm），江津良産クロメ（$3.7 \pm 0.8$ mm），下田原産カジメ（$3.4 \pm 1.0$ mm），下田原産クロメ（$3.1 \pm 0.6$ mm），比井崎産クロメ（$3.0 \pm 0.5$ mm），目津崎産クロメ（$2.9 \pm 0.5$ mm），千田産カジメ（$2.4 \pm 0.4$ mm）の順となった（図2・6）．このうち江津良産クロメより有意に厚みがあると認められた地域は，野島産カジメのみであり（$t$-test ; $p < 0.05$），千田産

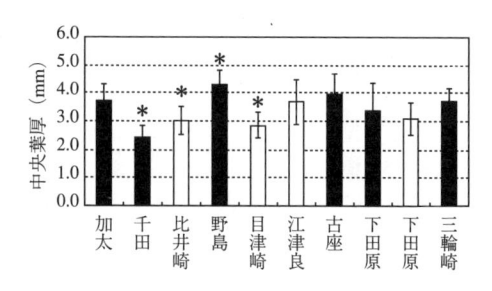

図2・6　和歌山県沿岸におけるカジメ（■）とクロメ（□）の中央葉厚の比較．
＊は江津良産クロメとの間に有意差（$p < 0.05$）が認められた地域群

カジメはクロメと分類したいずれの地域のものよりも中央葉厚が薄かった．また，中央葉の中央部と縁辺部の葉厚比（縁部/中央部）についても，比井崎産クロメ（0.53 ± 0.13），下田原産カジメ（0.50 ± 0.15），千田産カジメ（0.49 ± 0.07），下田原産クロメ（0.48 ± 0.21），目津崎産クロメ（0.47 ± 0.07），三輪崎産カジメ（0.42 ± 0.06），江津良産クロメ（0.41 ± 0.11），加太産カジメ（0.40 ± 0.07），古座産カジメ（0.38 ± 0.07），野島産カジメ（0.34 ± 0.04）の順に厚みに差がなく，千田と野島産カジメに加えて比井崎産クロメでも江津良産クロメとの間に有意な差（$t$-test；$p < 0.05$）が認められた（図2·7）．

一方，「クロメは色彩がカジメより濃い」という特徴についても，各地で採取した藻体の色彩を比較したところ，加太や千田産カジメはすべて黒褐色（赤潮観察水色カード6番）を呈しており，江津良産クロメの暗褐色（同24番）より濃い色をしていた（図2·8）．

以上のことから，和歌山県沿岸に生育するカジメとクロメは，従来からいわれてきた側葉の皺以外のいずれの分類指標（中央葉厚，中央部と縁部の葉厚比，藻体の色彩）が両種の違いを反映していないことが明らかとなった．また，今回は調査を行っていないが，「カジメは茎状部の髄部が空洞になる」という特徴についても，高知県室戸市で中空の茎をもつクロメが確認されており（Tsutsui et al., 1996），やはり両種を区分する指標とはならないことが明らかとなっている．

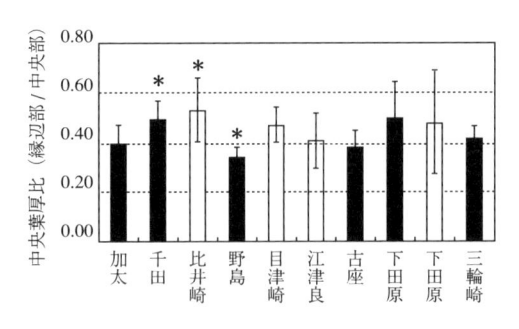

図2·7　和歌山県沿岸におけるカジメ（■）とクロメ（□）の中央葉の中央部と縁辺部の厚みの比較．
＊は江津良産クロメとの間に有意差（$p < 0.05$）が認められた地域群

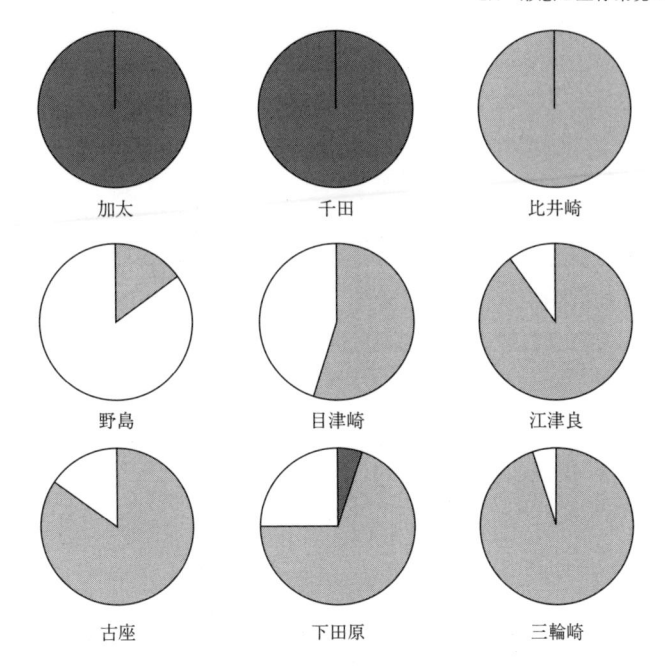

図 2·8 各地で採取した藻体の色彩の比較結果.
■：黒褐色（6番），▨：暗褐色（24番），□：茶褐色（33番）
色彩の数字は赤潮観察水色カードの番号を示す.

## 2.4 形態と生育環境の関係

カジメやクロメで見られる形態変異は，生育場所の環境要因によって生じることが指摘されている．そこで，和歌山県下で採取した両種の形態的特徴と環境要因の関係について調べた．

### 2.4.1 第一側葉の形態と波当たりの関係

和歌山県下に繁茂するカジメやクロメの第一側葉の葉形（葉幅/葉長比）は，紀伊水道の加太（$0.17 \pm 0.04$），千田（$0.16 \pm 0.08$），比井崎（$0.21 \pm 0.06$），および紀伊水道外域の野島（$0.16 \pm 0.06$），目津崎（$0.17 \pm 0.04$），江津良（$0.17 \pm 0.04$）に比べ，熊野灘側の古座（$0.12 \pm 0.04$），下田原（$0.11 \pm 0.02$），三

輪崎（0.07 ± 0.02）で値が小さかった（図2·9）．すなわち，紀伊水道や紀伊水道外域に生育する藻体の葉形は披針形や長円形を呈するのに対し，熊野灘では細長い線形を呈していた．これらの形態差が認められた熊野灘と他の2海域は，波当たりの強さが異なっており，外洋に開けた熊野灘は他の海域に比べて波浪の影響を非常に受けやすい．このことから，波当たりの強い場所では波の抵抗を少なくするため，両種とも側葉の形態が細長い形に適応していくものと考えられる．Tsutsui *et al.* (1996) も全国に繁茂するクロメの形態と生育場所の関係を調べ，外海に面した波当たりの強い場所では，第一側葉が細くなることを報告しており，このような側葉の形態変異は全国的に認められる共通の特徴と考えられる．また，側葉縁辺部に見られる鋸歯の形状についても，紀伊水道や紀伊水道外域に生育している藻体は大きく発達していたものの，熊野灘のものは未発達であった．このことから，側葉の鋸歯についても波当たりの強さが影響し，波の比較的穏やかな場所でよく発達すると推測される．

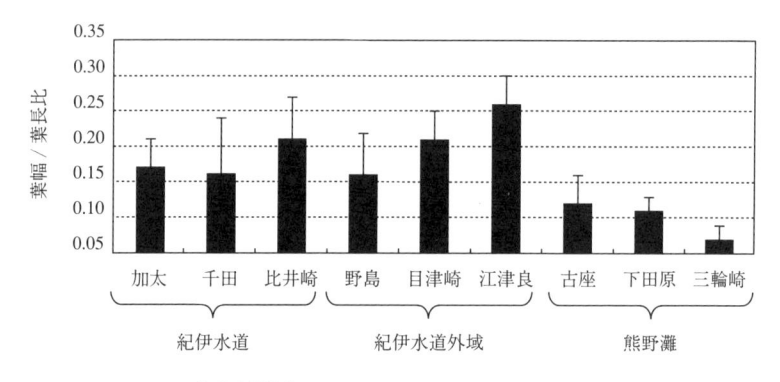

図2·9　和歌山県沿岸におけるカジメ・クロメの側葉の葉形の比較

### 2.4.2　側葉数と栄養塩濃度の関係

和歌山県下で採取したカジメとクロメのPPNI値は，加太（0.57 ± 0.13），千田（0.73 ± 0.15），比井崎（1.01 ± 0.30），野島（1.06 ± 0.21），目津崎（0.90 ± 0.22），江津良（1.18 ± 0.48），古座（0.97 ± 0.21），下田原（0.98 ± 0.26），三輪崎（0.67 ± 0.18）であり，最大値を示した江津良から離れるに従って，値が小さくなる傾向が見られた．これらの値と各地の栄養塩濃度（DIN）との関係

を調べたところ，両者の間には負の相関関係が認められ，栄養塩濃度の低い地域ほどPPNI値が高かった（図2·10）．PPNI値は先に述べた通り片側側葉数を中央葉長で割った値で，この数値が大きい程，側葉が高い密度で派生していることを示している．このことから，栄養塩濃度の少ない場所では藻体が効率よく栄養塩を取り込めるように側葉数が増加することが予想される．

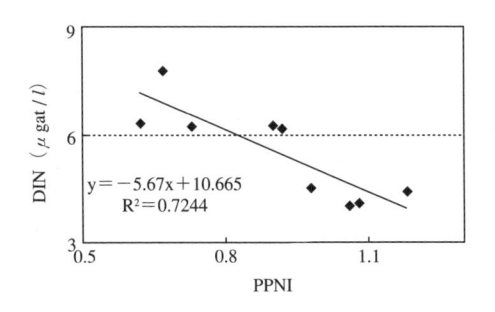

$y = -5.67x + 10.665$
$R^2 = 0.7244$

図2·10　側葉数と栄養塩濃度の関係

### 2.4.3　側葉の皺と水温の関係

今回の形態調査を行った8ヶ所のうち側葉表面に明瞭な皺が認められた地域は，比井崎，目津崎，江津良，下田原の4ヶ所であった．これらの地域と他の4ヶ所（加太，千田，野島，三輪崎）の2005～2006年の海水温を比較したところ，両者は年間平均水温20℃を境に分かれ，側葉に皺が見られる地域は，両方が混在する下田原を除くと，いずれもそれを越えるような水温の高い場所であった（図2·11）．これと同様に，高知県手結地先の年間水温の高い場所に生育するカジメは，側葉に浅い皺が認められることが報告されている（Serisawa et al., 2002）．側葉の皺の有無は，カジメとクロメを区分する上で最も大きな形態的特徴と位置づけられているが，幼体期に出現していたものが成体になると消失すること（笠原・大野，1983）や，生育時期により形状が異なること（筒井・大野，1992），外海に面した場所では不鮮明な皺が形成されること（Tsutsui et al., 1996），更にはほとんど皺のない藻体の存在も古くから知られている（岡村，1936）．これらのことから，側葉表面の皺は種を分けるほどの安定した形質とはいえず，生育環境に大きく左右される不安定なものであると考えられる．

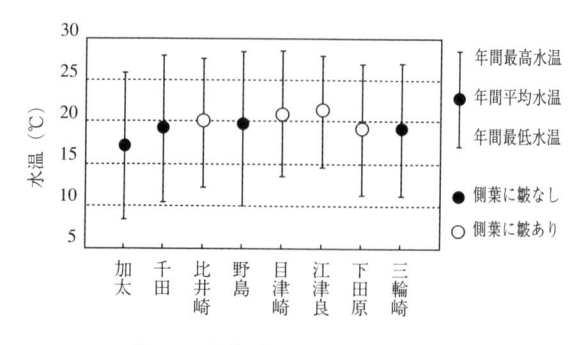

図2·11 側葉の皺の有無と海水温の関係

## 2.5 DNA解析によるカジメとクロメの比較

1980年代半ばより,多くの海藻類でDNA特定領域の塩基配列を解読・比較して,種間あるいは地域集団間の類縁関係や系統進化を推定する分子系統学的研究が盛んに行われている(Boo *et al.*, 1999;Kawai and Sasaki, 2000).本手法は,前述した形態的特徴の「中央葉厚が薄い」や「色彩が濃い」といった曖昧な指標とは異なり,客観的データを対象とすることから,形態変異の著しいカジメやクロメ間の遺伝的相違を検出するのに極めて有効である.中でも,核ゲノムに存在するrDNAの転写スペーサー領域(Internal Transcribed Spacer:ITS)や葉緑体ゲノムのリブロース二リン酸カルボキシル化酵素の大小サブユニット遺伝子のスペーサー領域(rbc-spacer)は,塩基置換の程度が高く,コンブ目植物をはじめ多くの褐藻類で種間や個体群間の相違を検出するのによく用いられる(Stache-Crain *et al.*, 1997;Yoon *et al.*, 2001).そこで,形態調査を終えた地域集団のうちカジメ5地域群(加太,野島,古座,下田原,三輪崎)とクロメ3地域群(比井崎,江津良,下田原),および下田原の中間的な皺をもつ藻体の9サンプルについて,葉部小片からゲノムDNAを抽出し,これら2つのDNA特定領域の塩基配列を解読した.

まず,ITS-1の塩基配列を比較したところ,その配列パターンは4つのグループに分類された.すなわち,①加太産カジメ・比井崎産クロメ(塩基長305bp):紀伊水道に産する集団,②三輪崎産カジメ(同305bp):熊野灘東岸に

産する集団，③野島産カジメ・江津良産クロメ・下田原産クロメ（同306bp）：下田原産クロメを除くと紀伊水道外域に産する集団，④古座産カジメ・下田原産カジメ・下田原産中間的藻体（同305bp）：熊野灘西岸に産する集団であり，各グループは比較的近隣の地域同士で完全に一致していた（表2・1）．しかし，アライメントの結果（306bp），それぞれの配列間の相違は塩基の置換もしくは挿入/欠損が1ヶ所ずつ認められるのみで，いずれの産地間でも塩基相同率は99％以上であった．また，rbc-spacerの塩基配列長はいずれも427bpであり，全ての個体で配列は100％一致していた．

以上のように，和歌山県沿岸のカジメやクロメは，これら2つの特定領域で見る限り遺伝的多様度は非常に低く，僅かな差異が認められたITS-1についても，その違いは種間の差でなく，地域による差を反映したものであった．北海道沿岸を主産地とするコンブ属植物の幾つかの種については，これらDNA領域からみた遺伝的多様性が乏しいことから，分布域や交配実験の結果をふまえた分類学的再検討が求められている（Yotsukura et al., 1999；Yotsukura, 2006）．これと同様に，本研究で用いたカジメやクロメについても分布域が重複していることや正逆の交配が可能なこと（右田，1984）からあらためて両種の分類学的な検討が必要と思われる．

表2・1　和歌山県沿岸のカジメ・クロメのDNA特定領域塩基配列の比較結果．

| DNA領域 | | 塩基配列表 | 種（場所） |
|---|---|---|---|
| ITS-1 | | | |
| | パターン1 | 305bp | カジメ（加太），クロメ（比井崎） |
| | パターン2 | 305bp | カジメ（三輪崎） |
| | パターン3 | 305bp | カジメ（古座，下田原），中間タイプ（下田原） |
| | パターン4 | 305bp | カジメ（野島），クロメ（江津良，下田原） |
| RuBisCo-spacer | | | |
| | パターン1 | 427bp | カジメ（加太，野島，古座，下田原，三輪崎） |
| | | | クロメ（比井崎，江津良，下田原） |
| | | | 中間タイプ（下田原） |

## 2.6 プロテオーム解析によるカジメとクロメの比較

近年，ポストゲノム研究としてタンパク質の網羅的研究が活発に行われている．プロテオーム解析は，ゲノムの指令に従ってある瞬間の細胞，組織，器官，個体に発現しているタンパク質の種類や量を解析する手法である．タンパク質は生体内の多くの生命活動に重要な機能を果たしており，生体内外で起こる刺激（疾病や環境変化など）の前後でプロテオーム情報を比較すれば，発現するタンパク質からその機能を推定することができる．また，プロテオームは生物の発育段階や環境条件などに応じてめまぐるしく変化するものの，遺伝子情報の最終産物であるタンパク質を対象にしている．このことから，形態的特徴の乏しい異種間で特異性が見出せれば種の分類に利用できる可能性があり，アマノリ属（Porphyra）のスサビノリ（P. yezoensis），オニアマノリ（P. dentata），ウップルイノリ（P. psuedolinearis）やその交雑種では，プロテオームマップから異種間の違いを検証する試みがなされている（金ら，2003）．

プロテオーム解析は，藻体の組織片よりタンパク質を抽出することから始まるが，カジメやクロメに代表されるコンブの仲間は，アルギン酸などの粘性多糖類を豊富に含むため，タンパク質の抽出が非常に困難である．しかし，永井ら（in press）はエタノール沈殿とphenol/SDS抽出法を組み合わせることで，葉状部や茎状部よりタンパク質を，高純度かつ高い収量で抽出することに成功している．この方法を用いて，県下のカジメ6地域群（加太，千田，野島，古座，下田原，三輪崎）とクロメ4地域群（比井崎，目津崎，江津良，下田原）の側葉から抽出したタンパク質を二次元電気泳動（pI4-7，10% polyacrylamide gel，タンパク質量300 $\mu$g，CBB染色）で分離し，画像解析（Nonlinear Dynamics社，phoretix 2005）によるスポットの検出と定量比較を行った．その結果，いずれの産地のものも大部分のタンパク質スポットはpI4から6の間に，分子量は20kDaから100kDaほどの範囲に存在していた（図2・12）．このうち発現量の多いスポットについて，トリプシンで分解し，MALDI-TOF/TOF（4700 proteomic analyzer，ABI）による質量分析とデータベース検索（MASCOT）による同定を行ったところ，Ribulose-1, 5-bisphosphate carboxylase/

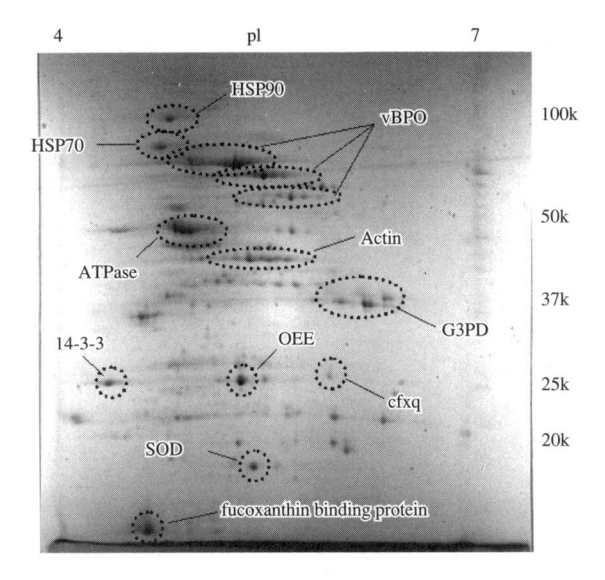

図 2·12 江津良産クロメから分離同定されたタンパク質スポット

oxygenase などの光合成タンパク質, ATP synthase などの代謝系酵素, Actin などの細胞骨格タンパク質が検出された（永井ら, *in press*）.

　一方, カジメとクロメの二次元電気泳動画像を比較したところ, いずれの産地のものも類似した泳動像を示し, 発現量の多いスポットに明確な種の違いは認められなかった. このことは, これらのタンパク質をコードしている DNA 領域に両種の間でほとんど差がないことを示唆している. また, 両種の最も大きな形態差である側葉の皺に関与するタンパク質が, 現段階では検出できない程の低濃度で存在するか, もしくは皺の形成される時期にのみ発現していると予測される. したがって, 皺の発現に関与するスポットを特定するためには, 異なる生育時期の藻体についてプロテオームを比較するとともに, 微量のタンパク質の検出が可能な蛍光染色などの方法を用いて研究を進める必要がある. 将来, このスポットが特定でき, カジメとクロメの間で特異性が確認できれば, 両種の分類指標として利用できる可能性がある.

## 2.7 カジメとクロメの生理特性の違いについて

これまで述べてきたように，和歌山県沿岸に生育するカジメやクロメは，形態的特徴に加えて分子生物学的手法（DNA 解析・プロテオーム解析）を用いても明確な種の違いを検出することができない．そこで，県下の複数箇所に生育するカジメやクロメの生理特性を比較し，両種の間に差が認められるか検証を行った．

カジメとクロメは他のコンブ目植物と同様にコンブ型の生活史を示す．すなわち，複相（2n）の胞子体と単相（n）の配偶体で世代交代を行い，胞子体の側葉にできる子嚢斑より遊走子を放出し，これらから発芽した雌雄の配偶体が生長・受精して新たな胞子体を形成する．しかし，同じコンブ目植物であるワカメ属（*Undaria*）のワカメ（*U. pinnatifida*）とヒロメ（*U. undarioides*）は，配偶体の成熟温度が種間で大きく異なり，両種の分布域を決定する要因になることが知られている（Morita *et al*., 2003）．また，コンブ属（*Laminaria*）のマコンブ（*L. japonica*），リシリコンブ（*L. ochotensis*），オニコンブ（*L. diabolica*），ホソメコンブ（*L. religiosa*），ナガコンブ（*L. angustata*）は，幼芽胞体の葉長や葉幅の生長に温度による種間差異が認められると報告されている（岡田ら,1985）．一方，カジメとクロメについては，これまで両種の生理特性に関して詳細な比較が行われていない．一般にクロメはカジメに比べるとやや高い水温環境に分布しており，両種の間で配偶体や胞子体の生理特性が異なる可能性がある．

### 2.7.1 カジメとクロメ配偶体の温度特性の比較

カジメ属の配偶体の生長や成熟に及ぼす水温の影響については，千葉県勝浦で採取されたカジメが 20～25 ℃で早く生長し，成熟は 20 ℃以下で誘導されることが報告されている（太田，1988）．また，宮崎県都農町で採取されたクロメは 25 ℃で最も早く生長し，成熟の上限温度が 20～25 ℃の間にあることが報告されている（成原，1987）．しかし，これらの生理特性は水温などの環境条件が大きく異なる地域集団について調べられた結果であり，近隣の場所に生育する両種間で違いが認められるか比較した事例はない．そこで，和歌山県下のカジ

メ3地域群(加太, 野島, 三輪崎)とクロメ3地域群(比井崎, 目津崎, 江津良)の配偶体について, 水温6条件(14, 18, 20, 22, 25, 28℃)で培養試験を行い, 生長や成熟に関する温度特性を調べた.

その結果, 配偶体の生長は, すべての産地のものが25℃付近にピークをもち, その水温から離れるにしたがって遅くなった(図2·13). 特に10℃と28℃で培養した配偶体はいずれも生長が遅く, 28℃の下では塊状に増殖する異常発生体が多く観察された. このことから, 配偶体の生長に関する温度特性は種や地域間で違いは認められないことが明らかとなった. 一方, 成熟は28℃を除く14～25℃の範囲で雌雄の配偶体上に生卵器並びに造精器の形成が認められたが, その温度特性は地域によって大きく異なっていた. すなわち, ①20℃以下で成熟が誘導される地域(加太産カジメ, 目津崎産クロメ, 江津良産クロメ), ②20～22℃で誘導される地域(野島産カジメ), ③25℃でも誘導される地域(比井崎産クロメ, 三輪崎産カジメ)の3グループに区分され, 単一種内でも地域によって違いが認められた(図2·14). このように同種でも地域によって成熟温度が

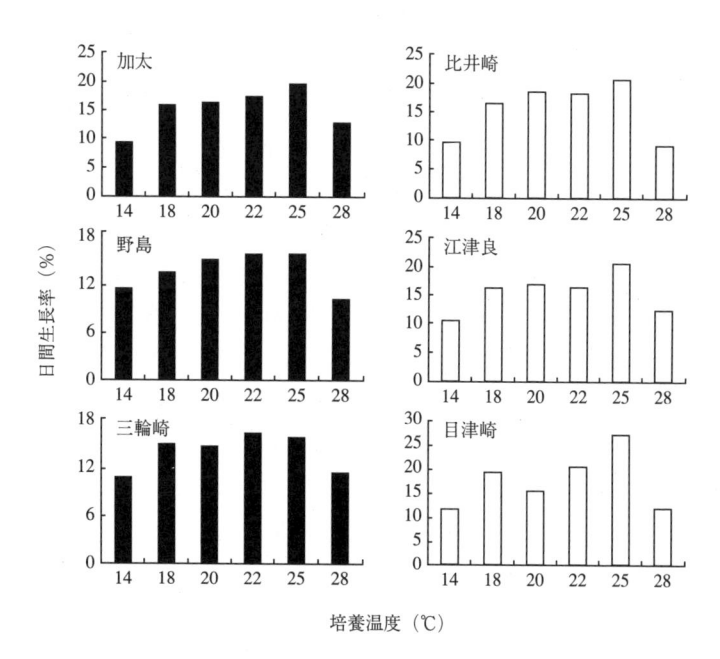

図2·13 和歌山県沿岸におけるカジメ(■)とクロメ(□)の配偶体の水温別の生長特性

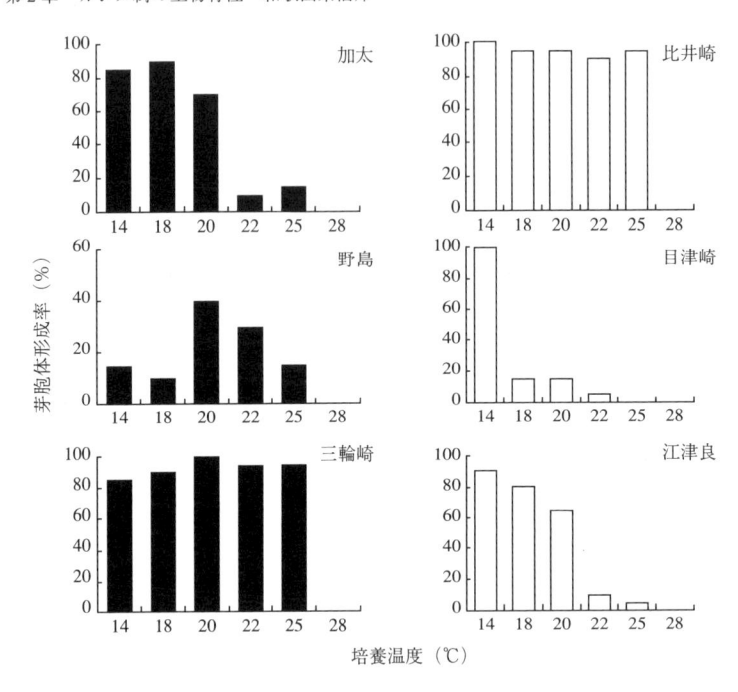

図2·14 和歌山県沿岸におけるカジメ（■）とクロメ（□）の配偶体の水温別の成熟特性

異なる現象は，*E. radiata*（Novaczek，1984）やアラメ（*Eisenia bicyclis*）（倉島，2003）で知られており，アラメでは子嚢斑の形成時期の海水温と配偶体の成熟適水温がほぼ一致することが報告されている．しかし，今回の6地点の海水温を比較したところ，配偶体の成熟適水温は各地の海水温と必ずしも一致していない．具体的には，和歌山県沿岸における秋季から冬季の海水温は，江津良周辺が最も高く，そこから離れるに従って低下する．しかし，江津良やその近隣の目津崎では，配偶体が低水温でしか成熟しないほか，比井崎と野島など近隣地域の配偶体で温度特性が大きく異なっていた．これらのことは，各地の配偶体の生理特性が海水温のみによって決定されておらず，更にそれらは同種間でも多様性に富む特性であることを示している．

### 2.7.2 幼胞子体の温度特性の把握

和歌山県下のカジメとクロメ胞子体の生長に及ぼす温度特性を比較するため，

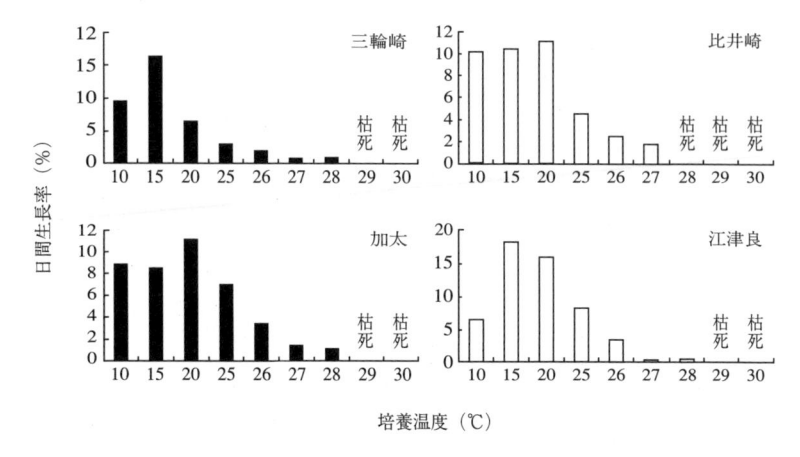

図2・15 和歌山県沿岸におけるカジメ（■）とクロメ（□）の胞子体の水温別の生長特性

　カジメ2地域群（加太と三輪崎）およびクロメ2地域群（比井崎と江津良）の幼胞子体（全長2～3mm）を，10～25℃まで5℃間隔と25～30℃まで1℃間隔で培養し，生育の適温範囲と上限温度を調べた．
　その結果，最も生長のよかった温度は，配偶体の成熟温度特性とよく一致し，高水温で高い成熟率を示した地域集団（比井崎産クロメ，三輪崎産カジメ）は20℃で最も生長がよく，逆に低水温でのみ高い成熟率を示す地域集団（加太産カジメ，江津良産クロメ）は15℃で生長が促進された（図2・15）．このことは，胞子体の温度特性も種によって定まっておらず，配偶体期に認められた成熟の温度特性が胞子体期の生長の温度特性にも影響を及ぼすことを示唆している．一方，生育限界温度は比井崎産クロメが27℃であった以外，いずれの地域集団も28℃であり，両種の間に温度特性の違いは認められなかった．
　したがって，今後は藻場造成などで別の地域へ海藻を移植する場合，同種であってもこれらの生理特性が類似するものを選択する必要があると考えられる．

(田中俊充・木村　創)

### 引用文献

Aruga, Y., A. Kurashima, and Y. Yokohama（1997）：*J.Tokyo Univ. Fish.*, 83, 103-128.
Boo, S. M., W. J. Lee, H.S.Yoon, A.Kato, and H. Kawai（1999）：*Phycol.Res.*, 47, 109-114.

林田文郎（1977）：日水誌，43，1043-1051.
今井利為（1988）：神水試研報，9，21-25.
笠原　均・大野正夫（1983）：高知大海洋生物研報，5，77-84.
Kawai, H., and H. Sasaki（2000）：*Phycologia.*, 39, 416-428.
川島昭二（1993）：日本産コンブ類図鑑，北日本海洋センター，pp.124-131.
金梵奎・朴正元・金炳三（2003）：海藻利用への基礎研究，成山堂，pp.1-20.
倉島　彰（2003）：藻場の海藻と造成技術（能登谷正浩編），成山堂，pp.18-25.
松井敏夫・大貝政治・大内俊彦・角田信孝・中村達夫（1981）：水産大学校研究報告，32，91-113.
右田清治（1984）：長崎大研報，56，15-20.
Morita, T., H. Kurashima, and M.Maegawa（2003）：*Phycol. Res.*, 51, 154-160.
中島　泰（2003）：藻場の海藻と造成技術（能登谷正浩編），成山堂，pp.171-179.
成原淳一（1987）：水産増殖，35（1），1-6.
Novaczek, I（1984）：*Mar. Biol.*, 82, 241-245.
岡田行親・三本菅善昭・町口裕二（1985）：北水研報告，50，27-44.
岡村金太郎（1927）：日本藻類図譜，5，135-157.
岡村金太郎（1936）：日本海藻誌，内田老鶴圃，pp.271-272.
大野正夫・石川美樹（1982）：高知大海洋生物研報，4，59-73.
大野正夫（1993）：第2巻褐藻・紅藻類（堀　輝三編），内田老鶴圃，pp. 131.
太田雅隆（1988）：海生研報告，No.88202，1-29.
芹沢如比古・秋野秀樹・松山和世・大野正夫・田中次郎・横浜康継（2001）：水産増殖，49（1），9-14.
芹澤如比古・上島寿之・松山和世・田井野清也・井本善次・大野正夫（2002）：水産増殖，50（2），163-169.
Serisawa, Y., H.Akino, K.Matsuyama, M.Ohno, J.Tanaka, and Y.Yokohama（2002）：*Phycol.Res.*, 50, 193-199.
芹澤如比古・秋野秀樹・横浜康継（2003）：水産増殖，51（1），1-6.
Serisawa, Y., M. Aoki, T. Hirata, A. Bellgrove, A. Kurashima, Y. Tsuchiya, T. Sato, H. Uede, and Y. Yokohama（2003）：*J.Phycol.*, 15, 311-318.
Stache-Crain, B., Muller, D.J. and Goff, L.J.（1997）：*J. Phycol.*, 33, 152-168.
田中種雄・坂本　仁・池上直也・平田淳一（2002）：千葉水研報，1，51-59.
寺脇利信・後藤　弘（1988）：電中研報，U87056，1-23.
筒井　功・大野正夫（1992）：藻類，40，39-46.
Tsutsui, I., S.Arai, T.Terawaki and M.Ohno（1996）：*Phycol.Res.*, 44, 215-222.
山内　信・翠川忠康（1995）：平成5年度和歌山県水産試験場事業報告，79-92.
山内　信・翠川忠康（1996）：平成6年度和歌山県水産試験場事業報告，89-105.
山内　信・翠川忠康（1997）：平成7年度和歌山県水産試験場事業報告，88-103.
Yoon, H.S.Y., Lee, J., Boo, S.M. and Bhattacharya, D.（2001）：*Mol. Phylogenet. Evol.*, 21, 231-243.
吉田忠夫・寺脇利信（1990）：藻類，38，187-188.
Yotsukura, N., Denboh, T., Motomura, T., Horiguchi, T., Coleman, A.W. and Ichimura, T.（1999）：*Phycol. Res.*, 47, 71-80.
Yotsukura, N.（2006）：*Nat. Hist. Res.*, （accepted）.

# 第3章

## 藻場造成の現状と問題点 −和歌山県沿岸−

### 3.1 和歌山県における磯焼け

#### 3.1.1 発生海域

　水産庁の磯焼け対策ガイドラインでは，磯焼けとは「浅海の岩礁・転石帯において，海藻の群落（藻場）が季節的消長や多少の経年変化の範囲を超えて著しく衰退または消失して貧植状態となる現象」（藤田，2002）としているが，和歌山県では磯根資源にとって重要な役割を果たしているアラメ・カジメ・クロメなどの多年生大型コンブ目植物が短期間に消失し，次の年にも回復せず，数年その状況が継続する現象を磯焼けとしている．コンブ目植物の消失後，トゲモクなどホンダワラ類が優占する場合もあるが，多くの場合ホンダワラ類も消失し，岩場にはキントキ・ヘラヤハズ・シワヤハズ・シマオオギなど，一般に大型藻類の下草となる小型またはサンゴモ類が優占するようになる．
　図3・1に和歌山県における多年生大型コンブ目植物が頻繁に消失する海域と

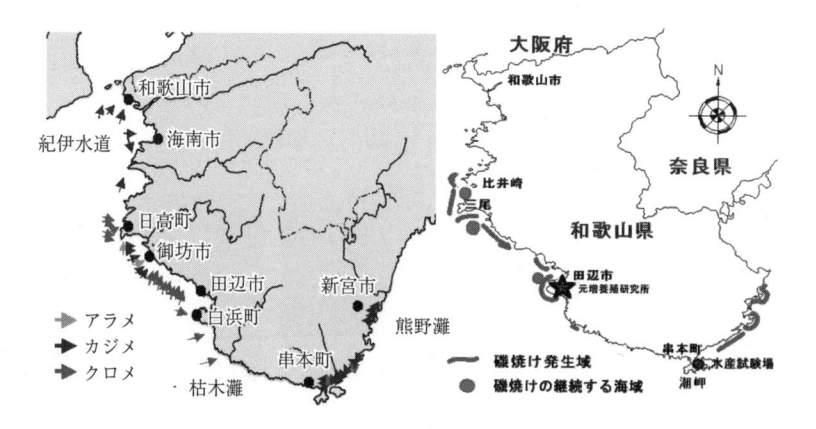

図3・1　和歌山県における大型コンブ目植物分布状況並びに消失が頻繁に観察される海域

磯焼けが持続している海域を示した．和歌山県沿岸に分布する大型の多年生コンブ目植物はアラメ・カジメ・クロメである．カジメは白浜町から串本町の西岸までの海域以外ほとんど全ての海域に見られ，アラメは日御碕南端から御坊市野島付近まで，クロメは比井崎，南部，白浜，古座，下田原などに点在する．生育水深は海域の透明度によって若干変化するものの，カジメやクロメは2〜12m，アラメは0〜5mである．和歌山県で発生する磯焼けの主な原因は黒潮の影響と考えられ，それを受けやすい紀伊水道側のほぼ中央に位置する日高町から白浜町にかけてと熊野灘沿岸では過去によく確認されている．2007年の聞き取りおよび潜水調査では，熊野灘沿岸では2006年の2月から4月にかけて低水温状況が継続し，カジメやクロメの生育は良好で，ほとんどの沿岸で磯焼けから脱したと思われたが，太地町や那智勝浦町宇久井など一部沿岸域でその回復が認められないところがあった．一方，紀伊水道側の比井崎から三尾の沿岸では磯焼けが1994年頃から継続している．

### 3.1.2 磯焼け発生事例

図3・2に三尾の磯焼け発生経過を示した．1995年7月にはカジメの群落が確認されたが，11月には茎のみを残し，葉状部が欠損し，1996年7月には小数個体を残し，海底にサンゴモ類が優先する海域となった．この前年は日御碕北側の比井湾中磯でクロメ群落の消失現象が確認され，両海域とも2007年でもカジメやクロメ群落は回復せず磯焼け状態が継続している．和歌山県水産試験場増養殖研究所では1993年7月から比井湾中磯と三尾フタツバイ（図3・3）で藻場調査を定期的に行い磯焼けに至る経過を観察した（木村ら，1995，1996）．

図3・4に比井湾中磯の水深別海藻類生育状況の推移を示した．1994年6月ま

| 1995年7月 | 1995年11月 | 1996年2月 |

図3・2 三尾フタツバイ海域における磯焼けの経過

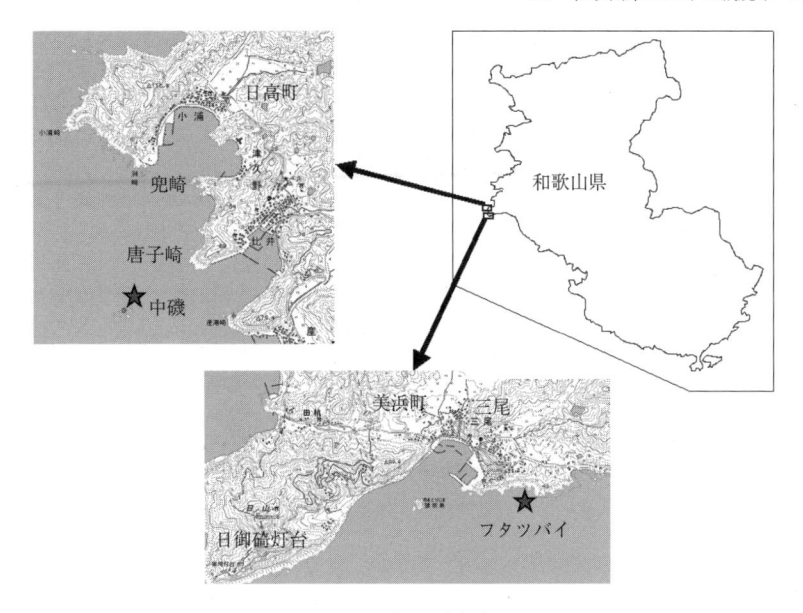

3.1 和歌山県における磯焼け　55

図3・3　藻場調査海域

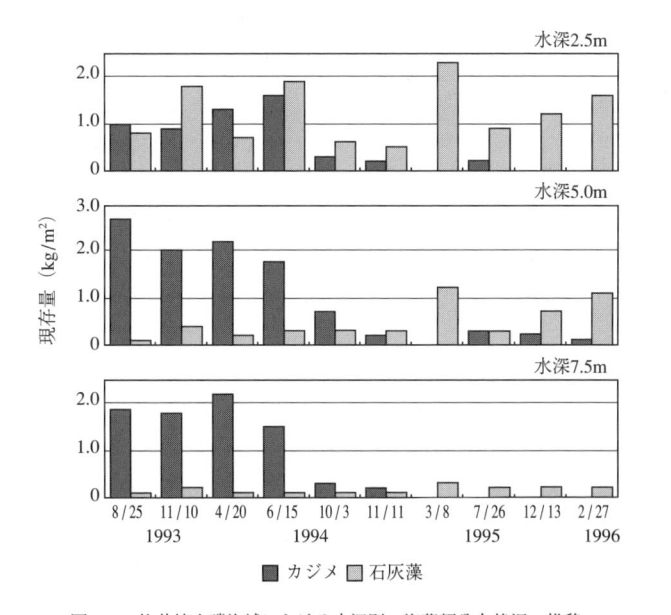

図3・4　比井崎中磯海域における水深別の海藻類分布状況の推移

で水深2.5 m付近でサンゴモ類とクロメが，他の水深ではクロメが優占していた．いずれの水深でもクロメが1.5～2.0 kg/m²生育したが，1994年10月には突然全ての水深で仮根のみを残し藻体のほとんどが消失した．その後はいずれの水深でもサンゴモ類が優占し，そのほかヤハズグサ，シマオオギ，キントキ，シワヤハズなどの小型藻類が生育した．その後も水深5 m付近では毎年4月にはクロメの幼体の生育が観察されたが，10月以降には消失する状況が続いている．この海域のクロメ群落は50aほどで小さく，仮根とハミ跡の付いたわずかな茎だけを残して藻体が消失することから，魚類の摂食によるものと推察された．同じ比井湾内の唐子崎や兜崎では，1999年にクロメ群落の被度が5%にまで低下したが，新たな基質を投入することによりクロメ群落を維持できた．

図3・5に三尾フタツバイにおける水深別の海藻類推移を示した．水深5 mのカジメの現存量は1993年7月には8 kg/m²であったが，その後減少して1994年11月以降には2～3 kg/m²，1996年2月には全てがその年に芽出した幼体となり，その後の生育は認められなかった．水深10 mでは1994年11月以降生育量が減少し始め，1995年11月にほとんどのカジメが消失した．両水深ともにカジメの生育量の減少に伴ってトゲモクとサンゴモ類が増加した．したがって，この海域では磯焼け状態となる2年ほど前からカジメの生息量が減少しはじめその兆候が認められたことになる．

同海域のアラメの生育量でも1995年11月までは季節による変動は見られた

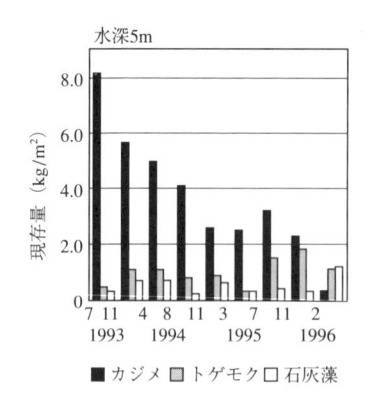

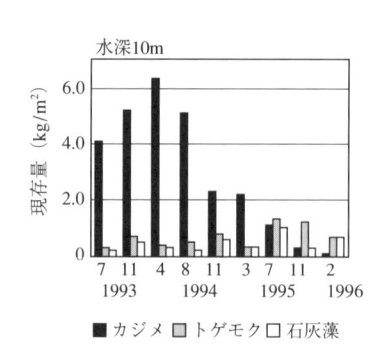

図3・5　三尾フタツバイ海域における水深別の海藻類分布状況の推移

ものの 3〜5.5 kg/m² で安定していたが，1996 年 2 月には幼体のみで，その現存量は 1 kg/m² 未満となった（図 3·6）．磯焼けの海域は三尾地先海岸線 4 km，沖出し 150 m〜200 m に広がり，それは 2007 年現在も継続している．このため図 3·7 に示すようにアワビ類を中心とした貝類の生産量は 1996 年以降激減し，2007 年現在ほとんど漁獲されていない．水揚げ金額は 1993 年に 1 億 1 千万円であったものが，2007 年には 400 万円以下と激減している．

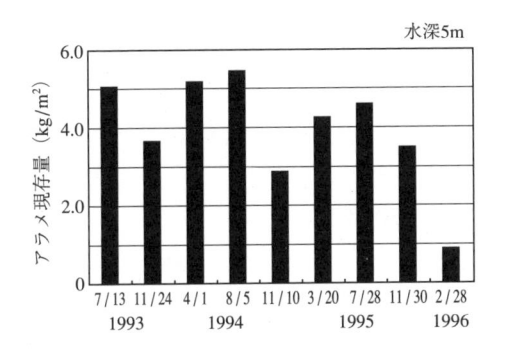

図 3·6　三尾フタツバイ海域におけるアラメ現存量の推移

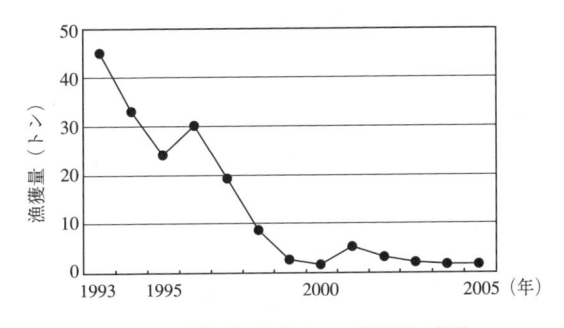

図 3·7　三尾海域におけるアワビ漁獲量の推移

### 3.1.3　磯焼けの原因

静岡県では黒潮の蛇行期に磯焼けが発生し，アワビの漁獲量が低下することが報告されている（河尻ら，1981）．和歌山県でも磯焼けは黒潮の接岸と強い相関があることが指摘されている．潮ノ岬に黒潮が接岸すると，その一部が紀伊

水道を北上し，紀伊水道側で磯焼けが発生し，黒潮が離岸すると熊野灘側に反転流が流れ込むことによって熊野灘側で磯焼けすることが多いとされている．本県沿岸の磯焼けは，比井崎で見られるような一部の海域には藻場が残存する場合と三尾のように沿岸の全てから大型藻が消失する場合があるが，近年では後者のような状況となることが多く，それが持続する傾向が多い．

次に比井崎の唐子崎から兜崎にごくわずかに残ったクロメ藻場の回復と拡大を目的としたものと比井湾阿尾海域のクロメ群落が完全に消失した海域における藻場造成事例について紹介する．

## 3.2　海藻群落が一部海域に残っている磯焼け海域の藻場造成事例

### 3.2.1　基質投入による藻場造成

日高町比井湾（図3・8）では1995年頃から磯焼けが認められ，中磯のクロメ群落が消失した．しかし，兜崎から唐子崎の沿岸には，わずかにクロメ群落が残存していた．この海域は水深7mまでは切り立った岩礁で，それ以深10mま

図3・8　藻礁投入場所（★）

3.2 海藻群落が一部海域に残っている磯焼け海域の藻場造成事例　59

水深 3 m 　　　　　　　　　　　　　水深 5 m

図3・9　1999年における唐子崎海域の藻場状況

では起伏が少なく，10 m以深は砂地である．1999年9月には図3・9に示すようにいずれの水深でもクロメの表面にコケムシや無節サンゴモや浮泥が付着し，元気のない状況で，海藻生育被度は5～10％であった．しかし，残存するクロメ藻体の成熟が確認できたことから，新たに着生基質を投入し，藻場の回復を試みた．投入基質は図3・10に示す鋳物礁3種類とコンクリート礁である．藻礁の形状は安定性の高い釣り鐘型の藻礁（釣鐘藻礁1），格子状（釣鐘藻礁2），

鋳物釣鐘藻礁1　3.5 t　$\phi 2.0 \times 1.3$ m 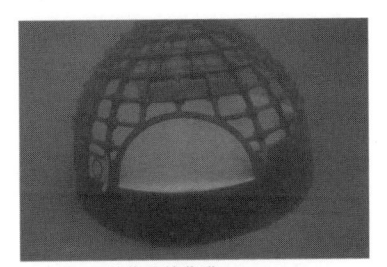　　　　鋳物釣鐘藻礁2　4.1 t

鋳物方形藻礁　5.5 t　$2.0 \times 2.0 \times 1.0$ m 　　コンクリート製方形藻礁　$2.0 \times 2.0 \times 0.5$ m

図3・10　投入した各基質の形状

方形藻礁とコンクリート製方形藻礁である.

1999年10月26日に設置水深8〜10m（図3・8）に投入し，その後定期的に各藻礁の海藻着生状況とその生長を2002年4月23日まで調査した．また，比較対象基質は岩盤水平面を清掃した岩場とした．投入30ヶ月後の各藻礁の状況を図3・11に，各藻礁に生育したクロメ個体数の推移を図3・12に，クロメの生長過程を図3・13に示した．クロメ生育個体数は投入5ヶ月後，鋳物礁では1/4$m^2$当たり40個体前後のクロメ幼体が観察され，2000年10月には約20個体に，その後も減少を続け2001年9月には10本程度となったが，それ以降は減少することはなかった．2002年4月には格子状釣鐘藻礁で16個体，釣鐘藻礁で9個体，方形藻礁で6個体の生育が認められた．一方コンクリート藻礁には2001年2月まで垂直面のみにクロメの生育が認められたが，その後水平面にも認められた．生育個体数は1/4$m^2$当たり4〜7個体で調査期間中ほとんど変化なく推移した．岩盤上を清掃した場所には2000年2月に2個体のみ発芽し，2001年2月には，それらは消失したが，2002年4月には再び10個体の幼体が認められた．

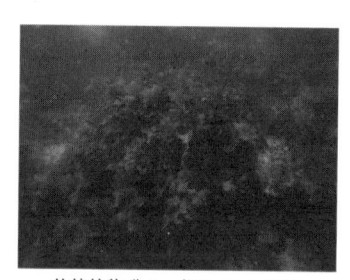

釣鐘鋳物礁1　投入30ヶ月後　　　釣鐘鋳物礁2　投入30ヶ月後

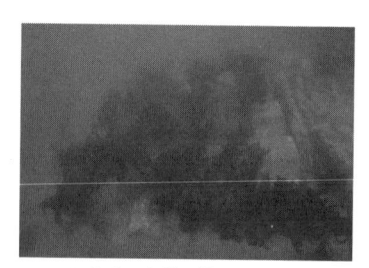

方形釣鐘礁　投入30ヶ月後　　　コンクリート礁　投入30ヶ月後

図3・11　投入30ヶ月後の各藻礁の状況

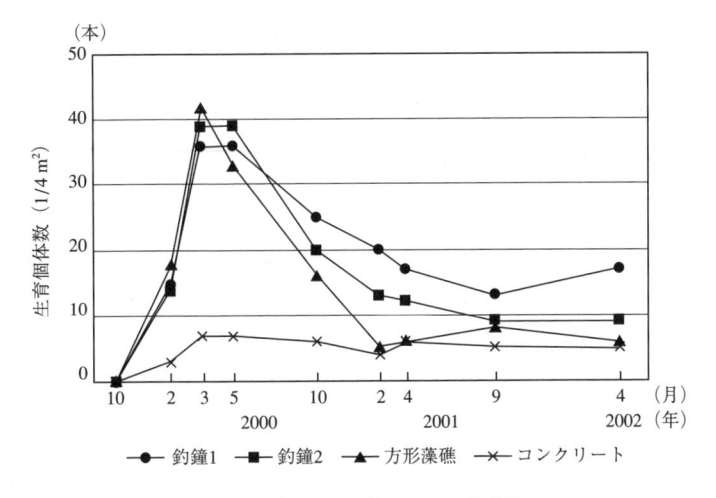

図 3・12　各藻礁に生育したクロメ個体数

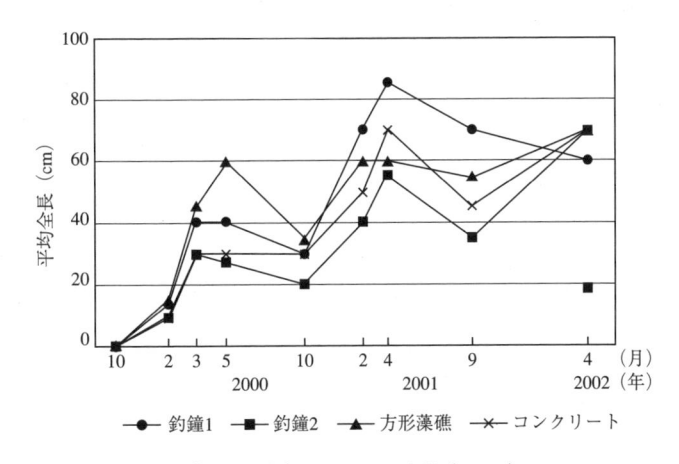

図 3・13　各藻礁に生育したクロメの生長 （n = 30）

　磯焼けが起こる前の比井湾のクロメ生育個体数は 10～15 個体/$m^2$ であったが，新たに投入した藻礁にはそれと同等か，特に鋳物製釣鐘藻礁にはそれ以上のクロメの生育が認められた．

　藻礁上のクロメの大きさは 5 月には極大となり，9 月の成熟時期には極小となる年変動を繰り返しながら徐々に伸長し，2002 年 4 月の平均藻体長は 60 cm 程

度となった．天然岩礁上のクロメ藻体は2001年に消失したため，2002年に1年生個体のみで，平均藻体長は約30cmであった．各藻礁上のクロメの生育量の増加に伴って周辺の岩礁にもクロメ群落が形成され始め，2002年にはクロメの被度が約25％まで回復した．

この海域ではアイゴ，ブダイ，ウニ類，アメフラシなどのクロメ食害動物が観察され，2002年10月には生育藻体にも多数の摂食痕が観察された．そこで方形鋳物礁と格子状釣鐘鋳物礁に網篭を被せクロメ生育状態を他の藻礁と比較したが，網篭の有無によるクロメ生残個体数はほとんど違いが認められなかった．中磯や阿尾地先では，魚類の摂食によってクロメは完全に消失したが，この海域では残存した．この要因は不明だが，潮の流れが影響していると思われる．

鉄製藻礁は酸化鉄を溶出することから海藻類が生育し易いことが多数報告されている．本試験でも鋳物礁にはコンクリート礁より多くのクロメ個体数が認められた．鐘型藻礁は水平部分が少ないことや，潮通しのよい格子状釣鐘藻礁は良好な生育が継続した．投入した基質に多数のクロメが生育したことにより，これらの基質が核藻場の役目を果たし周辺への群落形成に影響したものと推察された．鋳物は鉄よりさびにくく種々の形状が作れるうえ，強度，安定性ともに十分なことから藻礁としては優れていることがわかった．ただ，鋳物は鉄やコンクリートより高価で難点がある．そこで費用対効果について検討した．

### 3.2.2 費用対効果の分析

費用対効果の分析とは水産基盤整備事業によって得られる効果（便益額）とその事業に費やされる費用を計測し，対象事業の必要性を評価しようとするものである．また，事業評価は費用対効果以外にも費用として計算できない項目についても考慮して総合的に行われる．効果には貨幣換算が可能な効果と，定量的，定性的に把握する効果があり，今回の藻場造成のような場合は定量的，定性的に把握する効果は造成場所によって変化し，費用対効果は次式で求める．

　　費用対効果＝総便益額（B）／総事業費（C）・・・・・・・・・（1式）
　　総便益額＝年間便益額／$R(1+R)^n/(1+R)^{n-1}$・・・・・・・（2式）
　　R：社会的割引率，n：耐用年数
「公共事業評価の費用便益分析に関する技術指針」（平成16年2月国土交通省）

では社会的割引率を4%とすることとなっている．また，耐用年数は海中の構造物については30年と決められている．詳しくは「水産基盤整備事業費用対効果分析のガイドライン（暫定版）」に記されている．

以上に基づいて和歌山県比井崎の藻場造成事業の費用対効果を分析すると，事業費はアワビ漁場2,500 m$^2$の藻場造成の場合，藻場の核となる鋳物礁を5 m間隔に設置し，残りの空隙を1～2トン内外の自然石を1～2段に埋める場合の事業費では，鋳物礁1基投入費込みで500千円，投入数81基で40,500千円となる．自然石の投入費は3,500円/m$^3$，本事業では2,500 m$^3$必要となることから8,750千円となる．諸経費20%を加算すると9,850千円，合計59,100千円，これに消費税を加えると総事業費は62,055千円となる．

次に年間便益は，藻場造成によりアワビ類の増産と海藻類の生育による海域浄化の2つの効果が貨幣換算できる．

事業実施によるアワビ類増加生産量を算定の式は以下のようになる．

年間便益額(B) = (Q2 − Q1) × t × w × P × S − C

Q1：事業実施前の当該事業実施海域1 m$^2$当たりのアワビ生息量（個），Q2：事業実施後に想定される1 m$^2$当たりのアワビ生息量（個），t：採捕率（天然海域に生息するアワビの何割を漁獲できるか）(%)，w：漁獲されるアワビの平均重量 (g)，P：平均単価（円/kg），S：造成面積，C：年間漁業経費（円/年）

Q1は事前調査において比井崎海域においては0.02個/m$^2$，Q2は近くの海藻の繁茂した御坊海域の調査において1個/m$^2$，tは和歌山県の場合約7割とした．wは過去5年間の比井崎漁協で採捕されたアワビ類の平均重量0.22 kg，Pは過去5年間の平均単価は6,800円/kg，Sの造成面積は今回2,500 m$^2$とした．Cについては近くの磯で素潜りによる採捕であることから0円とした．したがって年間便益を計算すると2,565,640円となる．

また，窒素やリンを下水道で処理した場合の年間の費用が試算されており，それぞれは25,984円，139,387円である．海藻類は海水中の窒素やリンを吸収するため，生育海藻（カジメ）に含まれる窒素 (0.5%) やリン (0.004%) とその生息量 (5.5 kg/m$^2$)，海藻類の回転率 (1.2)，造成面積 (2,500 m$^2$) から，水質浄化の年間便益額は2,235,675円となった．

以上の計算から今回想定した藻場造成事業を行うことによって年間便益額は4,801,315円となる．構造物の耐用年数を30年とし，総便益額を2式で計算すると83,024,641円，1式から費用対効果を求めると1.338となり，「事業効果あり」と判定された．

## 3.3 磯焼け海域の藻場造成事例

カジメの消失寸前の磯焼け場は鋳物礁を投入することによって回復できたことから，同じ比井湾の磯焼け海域である阿尾地崎（図3・14）においても藻場造成試験を試みた．この海域は1980年頃まではカジメやホンダワラ類の生育が認められていた．しかし，1981年以降は，水深0～4mの浅瀬でマメタワラ・ヤツマタモク・イソモクなどのホンダワラ類の生育が認められたが，それ以深ではヘラヤハズ・シマオオギ・フクロノリ・マクサ・オバクサ・キントキ・有節サンゴモ類などの下草類がまばらに認められるのみで，アラメやカジメ類は消失した海域である．そこで，事前にこの海域に唐子崎からクロメを移植し，生育できることを確認した後，2005年10月20日に格子状釣鐘藻礁を3個（No.1

図3・14　藻礁投入場所

〜No.3）と魚類の捕食対策用のトリカルネットの網籠をかぶせた釣鐘藻礁1個（No.4），方形藻礁2個（No.5, 6）を岩礁地帯から約2 m離れた砂地に5 m間隔に投入した（図3・15）．投入後，No.1には成熟クロメを直接，No.2とNo.3の藻礁にはタマネギ袋をかぶせたクロメ成熟体を，No.4には網籠内にクロメ成熟体を取り付けた．方形藻礁の上面には和歌山県水産試験場で培養したクロメの配偶体を付着させた塩ビ板・コンクリート板・人工芝付きの塩ビ板などの各種基質を固定した．その後2年間にわたって，各藻礁に生育する藻類について調査を行なった．

藻礁投入時の水温は22℃と高かったことから魚の捕食にあうことが考えられたので投入1ヶ月後の11月と2ヶ月後の12月に母藻の状況を観察した．その結果，11月には藻礁No.1の生育藻体に魚類の摂餌痕が多数観察されたが，他の母藻には異状は見られなかった．12月にはNo.1藻礁のクロメ12個体のうち3個体がブダイによる摂食で茎のみとなっていたが，9個体は摂食にあいながらも生

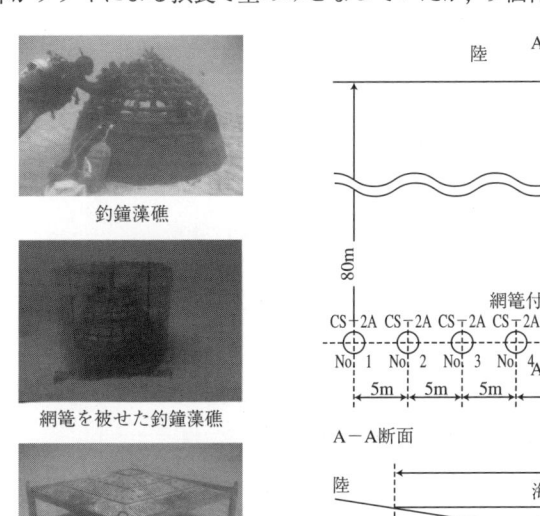

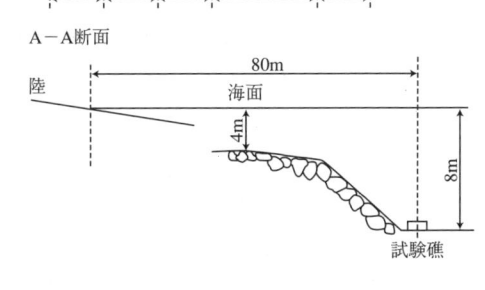

図3・15　投入した藻礁の形状と藻礁の投入状況，
〇：釣鐘藻礁　□：方形藻礁

育していた．このほか，12月に追加展開したクロメ母藻は1月には魚類の捕食にあわずほぼ完全な形で生育していた．10月上旬に展開したクロメ母藻は1～2週間内に消失するのが過去に認められたが，クロメは成熟期間が9月から12月と長期間にわたるため，低水温時の12月頃に展開することによって魚類の捕食から免れ得ることがわかった．

　藻礁 No.1，No.2，No.4，No.5 の $1/4\,m^2$ 当たりの平均生育本数を図3・16に，クロメの全長の推移を図3・17に示した．母藻の展開時期が遅かったが，いずれの

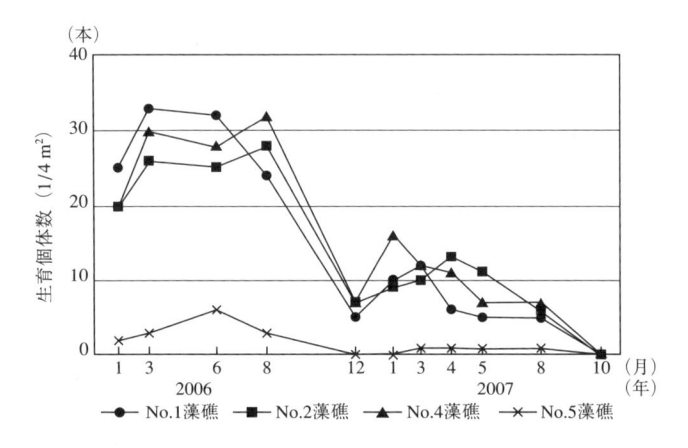

図3・16　各藻礁に生育したクロメの生育個体数の推移

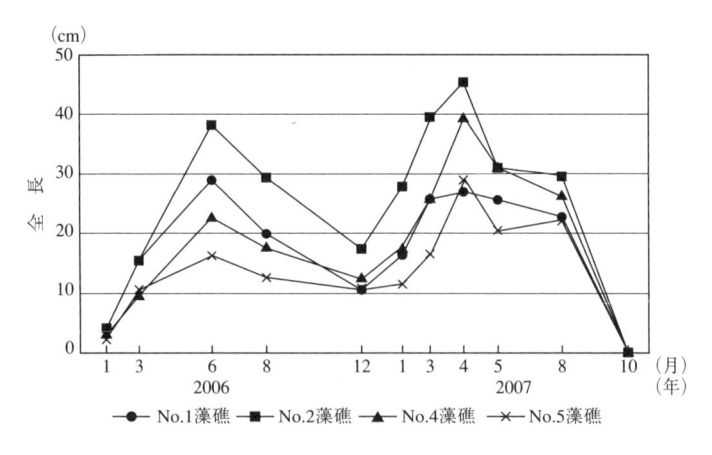

図3・17　各試験礁に生育したクロメの全長の推移

藻礁にも新芽が観察された．生育個体数は釣鐘藻礁がもっとも多く，投入3ヶ月後の1月25日にはいずれも20個体以上が生育し，8月まで減少することはなかったが，12月7日の調査時には，いずれの藻礁でも5〜7個体と減少した．残存した幼芽には魚類の捕食跡が見られた（図3・18）．しかし，翌年は幼芽に捕食跡はなく2年目藻体となり，さらに新たな幼芽も認められ，総数は10〜15個体が生育し，初めて磯焼け海域で発芽した幼芽が年を越した．しかし，2007年10月29日の調査時では生育していたすべての藻体が消失していた．2006年の冬に幼芽が無事に生育したのは，11月下旬に当海域近くのアイゴが小型定置網に捕獲され，クロメがその捕食にあわなかったことによるものと考えている．このほか，網籠で覆いを行った藻礁No.4は投入1年後に網籠がたびたび破損し，魚類の捕食防除効果がなかった．藻礁No.5とNo.6の方形藻礁には配偶体の付着した基質を取り付けたが，2006年は約6個体のみの生育で，12月にはそれらは消失し，2007年の調査時にはクロメの生育が認められなかった（図3・18）．

　いずれの藻礁でもクロメの生長は6月から8月に最大となり，成熟期や魚類の捕食が多くなる8月下旬以降小さくなる傾向が認められ，2006年に幼芽のすべてが消失した方形藻礁を除いていずれでも生長に差はほとんど認められな

2006年8月における釣鐘藻礁　　　　　2007年1月における釣鐘藻礁

2007年1月に観察された魚類の捕食痕　　2007年8月における方形藻礁

図3・18　磯焼け海域に投入した藻礁の状況

かった．成熟は 2006 年 12 月の調査時には釣鐘藻礁に生育した個体の約 20％に確認された．

　以上のように磯焼け海域における藻場造成は，魚類の捕食や海底地形などの制約があり，投入基質への大量母藻移植は人手で行うことから，困難と考えられた．上記のようにカジメやクロメ群落が近くに残存する場合は，基質投入時期を成熟期に合わせ垂直面に近い面の藻礁が効果的で，潮通しのよい鋳物製藻礁が良好であった．一方，磯焼海域で貧植生の海域における藻場造成はかなり困難と考えられる．

## 3.4　魚類による食害への対策

### 3.4.1　藻食性魚類の摂餌生態

　摂餌率の季節変化：アイゴの成魚を 2004 年 7 月に入手し，カジメを餌として毎日決まった時間に筏に垂下し，翌日新たなカジメと交換する方法でアイゴ摂餌率（摂餌量/魚体重×100）を測定した（図 3・19）．8 月頃から徐々に摂餌率は増加し，9 月下旬～10 月に最も多くなり，それ以降は急激に低下し，12 月にはほとんど食べなくなった．このことから，藻場造成のための母藻移植はアイゴの摂餌率が最も高い時期である 10 月を避ける必要があることがわかる．

　摂餌率に及ぼす水温の影響：アイゴの摂餌は水温との関係が高いと考えられ，

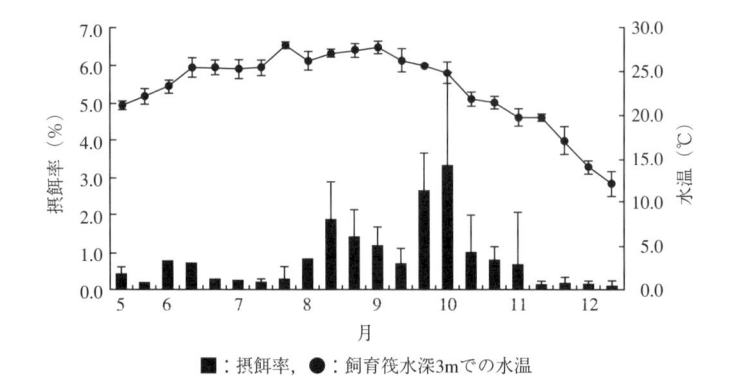

■：摂餌率，●：飼育筏水深 3m での水温

図 3・19　アイゴの筏での摂餌率の推移並びに水温変化
摂餌率(%)＝摂餌量(g)/魚体重(g)×100

摂餌率に及ぼす水温の影響を調べた．

100 l の水槽にアイゴの成魚（平均尾叉長 24.2 cm）を 3 尾入れ，15，20，25，26，27，28，29，30 ℃の 8 段階の試験区で確認した．その結果を図 3・20 に示した．26～29 ℃では非常によく摂餌したが，25 ℃以下で摂餌量が極端に減り，20 ℃以下ではほとんど摂餌しなかった．このことは，野外の筏におけるアイゴの摂餌行動の変化とよく一致したが，5～7 月は摂餌することはなく，その理由は不明である．6 月中旬から 8 月下旬のアイゴの消化管内容物にはウズマキゴカイの棲管が多数確認されることから，季節による食性変化があるものと推察され，今後明らかにする必要がある（山内，2006）．

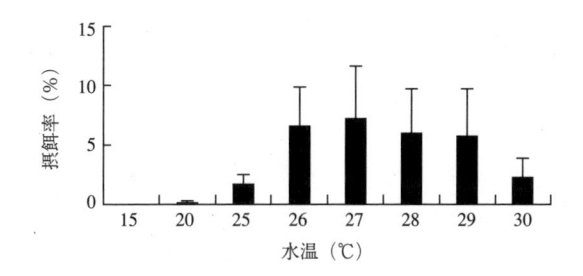

図 3・20　アイゴの水温別カジメ摂餌率
摂餌率(%)＝摂餌量(g)/魚体重(g)×100
摂餌量：アイゴの摂餌による 1 日間の消失量（7 日間の平均値）

### 3.4.2　音刺激を用いた食害対策

アイゴの摂餌生態から，主要な食害時期が概ね明らかになってきた．藻食性魚類の食害対策はこれまで網籠による防護が一般的である．しかし，この方法は網籠の耐波性，防護部分に限定され，比較的広範囲の食害を防ぐことができない．そこで，リンゴ酸や香料などの化学物質や，音，光などの刺激を与えて食害対策効果を調べた．その結果，音刺激は高い効果を示した．

水槽壁面にウレタンマットを貼り付け，音の反射を抑えた 3 m×1 m×1 m の水槽にアイゴを 5 尾（平均尾叉長 32.4 cm）収容し，一方向から水中スピーカーで刺激音を与えた．摂餌阻害効果を把握するため，水中スピーカーの近くとその反対側にクロメを垂下し，摂餌量を観察した（図 3・21）．その結果，通常摂餌量に対して，0.2～5 KHz ではほとんど認められなかったのに対し，10 KHz

と爆発音では通常の半分近くまで減少した．10KHz については魚類の可聴領域からはずれていることから今後さらなる検討が必要だが，爆発については反転行動を伴ってスピーカーの近くから遠ざかり，明瞭な効果が認められた．(図3・22)．しかし，これも多数回連続すると音刺激に馴れることから，より効果的な方法が必要である．

(木村　創・山内　信)

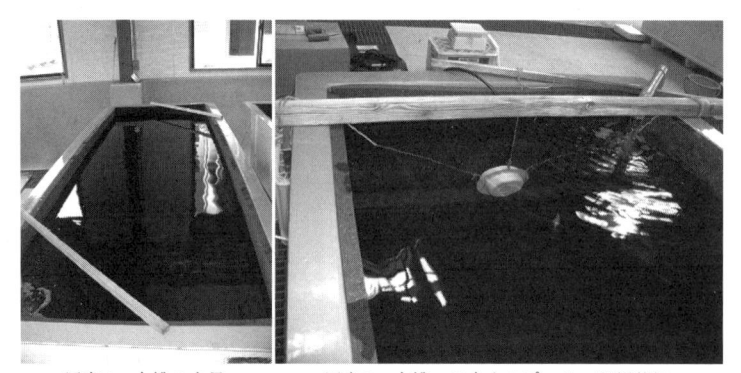

写真1　水槽の全景　　　　写真2　水槽への水中スピーカー設置状況

図3・21　音刺激試験水槽の全景並びに水中スピーカー設置状況
写真1手前は注水側（水中スピーカー設置），奥は排水側，手前と奥の棒にカジメを設置．
水槽壁面にはウレタンマットを貼付．

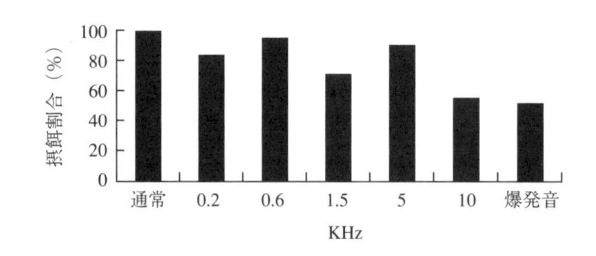

図3・22　アイゴの通常の摂餌量に対する各種音刺激を与えた場合の摂餌量の割合
　　　　摂餌割合＝試験区での摂餌量/通常の摂餌量×100
　　　　通常　　：音刺激を与えなかった場合の摂餌量
　　　　音刺激：水中スピーカーにより各種正弦波を発生
　　　　爆発音：水中スピーカーにより爆発音を発生

## 引用文献

藤田大介（2002）：21世紀初頭の藻学の現況，日本藻類学会，pp.102-195.
河尻正博・佐々木正・影山佳之（1981）：静岡水試研報，**15**，19-30.
木村　創・難波武雄（1995）：和歌山県水産増殖試験場報告，**27**，85-89.
木村　創・難波武雄（1996）：和歌山県水産増殖試験場報告，**28**，72-76.
長浦一博・木村創・能登谷正浩（2008）：日本藻類学会32回大会講演プログラム集．
山内　信（2006）：海藻を食べる魚たち，成山堂書店，pp.159-166.

## 第4章

# カジメ・クロメの藻場造成 －高知県沿岸－

## 4.1 高知県沿岸域における藻場の分布

図4・1に1976～1977年と1997年の藻場分布調査結果を示す.

1976～1977年には，アオサ場275.5 ha，テングサ場330.9 ha，ガラモ場328.8 ha，アマモ場1.6 ha，アラメ場365.6 haがそれぞれ認められている（窪田ら，1979）．その20年後の1997年には，アオサ場，テングサ場，ガラモ場，アマモ場，アラメ場がそれぞれ30 ha, 252 ha, 479 ha, 27 ha, 244 haとなり（浦，1999），アマモ場とガラモ場以外は減少し，この20年間に高知県沿岸の藻場は約475 ha減少したことになる.

1997年の調査から10年経過しているが，この間に同様の調査は行なわれていない．鹿児島県沿岸域では，2000年頃から亜熱帯性ホンダワラ類が藻場を形成し，種類数，生育域とも増加傾向にあるとされる（田中，2006）．さらに，長崎県・宮崎県沿岸でも同様の現象が報告されている（吉村ら，2006；荒武ら，2007）．高知県の土佐市では，2002年にキレバモク *Sargassum alternato-*

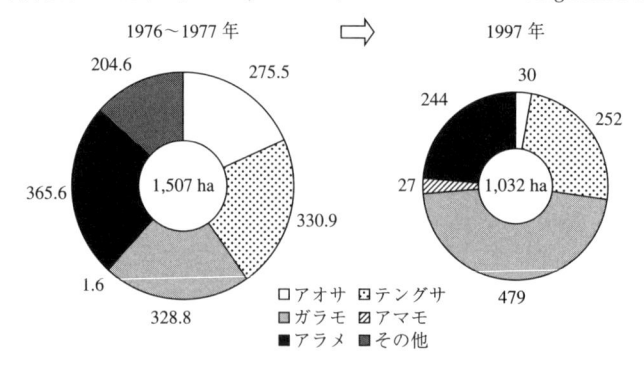

図4・1　高知県沿岸域における藻場面積の推移
アラメ場はカジメ，クロメ，ヒロメ，ワカメ，アントクメを含む。

*pinnatum* とマジリモク *Sargassum carpophyllum* の亜熱帯性ホンダワラ類の生育が初めて認められた（原口ら，2006）．このほか，近年の高知県沿岸の海藻植生の変化についてはいくつかの報告がある（Noro，2004；大野ら，2005；平岡ら，2005）．

## 4.2 高知県沿岸のカジメ属の分布と群落の衰退

### 4.2.1 高知県沿岸のカジメ属の分布

カジメ *Ecklonia cava* とクロメ *Ecklonia kurome* は，太平洋側では房総半島以南から九州沿岸まで断続的に分布することが知られ（寺脇・新井，2004），高知県沿岸は両種の分布の南限付近に当たる．ツルアラメ *Ecklonia stolonifera* は本県沿岸には分布しない．

カジメ属以外のコンブ科海藻は，現在はアントクメ *Eckloniopsis radicosa* 以外知られないが，1960年代には室戸市の羽根岬にアラメ *Eisenia bicyclis* の生育が報告されている（谷口，1961）．また，大野（1970）は，アラメが羽根岬と足摺に生育したことを記している．

カジメは，1921年には土佐湾西部沿岸では旧大方町鞭から旧中村市立石，土佐清水市下ノ加江から以布利港の間に生育が見られ，東部では造成適地として旧羽根村から旧夜須町があげられ，カジメが分布したことが記されている（高知県水産試験場，1921）．夜須町手結地先のカジメは大正時代に何らかの原因で消失したが，1935年から1937年に近隣の赤野地先からカジメを移植し，1976年から1977年には県下最大規模（175 ha）の藻場になったことが報告されている（窪田ら，1979）．

1976年に室戸市羽根地先と加領郷地先で，当時増加傾向にあったカジメとクロメの調査が行われている．特に，両地先の漁港内には濃密なカジメ群落が認められ，最大で2～3年生と判断されている．両漁港は1974年，1975年にそれぞれ完成し，その後間もなく着生したと考えられた（広田ら，1977）．しかし，1978年に激減し，その原因は不明とされている（窪田ら，1979）．その後，1997年には高知県沿岸のアラメ・カジメ場（カジメ・クロメ・アントクメを含む）は244 haとなり，この時，手結地先のカジメ場は約50 haまで減少している（浦，1999）．

手結地先のカジメ群落は 2000 年に消失したとされ（芹澤ら，2000；Serisawa *et al.*, 2004），大規模な群落は土佐湾西南部の黒潮町（旧大方町）から四万十市（旧中村市）にかけてのみとなった．2002 年の調査では，黒潮町から四万十市にかけて約 136 ha のカジメ群落が確認されている（石川ら，2004）．

### 4.2.2 高知県沿岸のカジメ属群落の衰退

1977 年当時，香美郡（現在は香南市）夜須町手結地先には約 175 ha のカジメ群落が存在していた（窪田ら，1979）．D.L.－2 m～－18 m の水深帯で，沖合約 420 m までカジメ群落が見られ，D.L.－6 m 付近で 6 月には 1,230 g/0.25 m$^2$，12 月には 1,605 g/0.25 m$^2$ の現存量であった．ほぼ同じ場所での 20 年後の調査では，調査ライン終点 200 m までカジメ群落が確認されている（図 4・2 上）（石

図 4・2　手結地先におけるカジメ群落の衰退
上：1998 年 6 月に撮影したカジメ群落，下：2005 年 9 月に撮影した海底の状況

川ら，2000)．しかし，200m以遠の生育状況は不明である．1998年6月にはD.L.ー1.5m付近で850g/0.25m$^2$，D.L.ー4m付近で338g/0.25m$^2$の現存量であった．1977～1997年の20年間にカジメ現存量は大きく減少した．

手結地先では1997年に約50haのカジメ群落が見られており（浦1999)，翌年6月でも生育が確認されている（石川ら，2000）ことから，1998年6月以降に消失したと考えられる．なお，2004年7月と12月の同様の調査でも，カジメは全く観察されていない（図4・2下）（高知県海洋局・(株)東京久栄，2005)．

このように，1978年以降，高知県沿岸では，カジメ群落は減少傾向にあるが，比較的大規模なカジメ群落が土佐湾西南部で維持されていることは非常に興味深い．この高知県沿岸唯一の大群落を保全するためにも，定期的なモニタリング調査を実施する必要がある．

#### 4.2.3　磯焼けの原因を探る

1998年から1999年にかけて手結地先でカジメ群落が消失したため，水産試験場では2000～2002年にかけて，土佐湾において大規模なカジメ群落の磯焼けが発生した香南市夜須町手結地先とカジメ群落が維持されている黒潮町田野浦地先で調査し，1998年頃からの磯焼けの発生原因を検討している（石川ら，2002 ; 石川・荻田，2003 ; 石川ら，2004)．

**土佐湾の水温上昇に及ぼす黒潮の影響**：土佐湾の水温上昇の要因の1つには，黒潮の暖水波及が考えられている．土佐湾表層の流況パターンは一般に左旋環流，左右分離，右旋環流，離岸流，向岸流の5型に分けられる．1997年4月から1999年11月までの流況解析結果では，左旋環流型が63.3％で，1980年代の発生率（26％）に比べ大幅に増加していた（岡村，2002)．また，強い左旋環流が発生した2002年2～3月には，土佐湾東部の手結の水温は西部の田野浦と比べて，1℃程度高かったことが知られており（石川ら，2004)，高頻度の左旋環流の発生は土佐湾の水温上昇を引き起こし，特に湾東部では高水温化すると考えられる．

**カジメ群落衰退に及ぼす水温の影響**：手結地先では，1998年から1999年にかけて急激にカジメ群落が消滅した．1965～1998年の平均値に比べ，1998年の室戸岬，浦ノ内，田野浦地先の水温は，1.0～1.7℃高く（図4・3)，観測史上で最も高い値を示した．さらに，1998～1999年の黒潮流軸水温も例年に比べ著

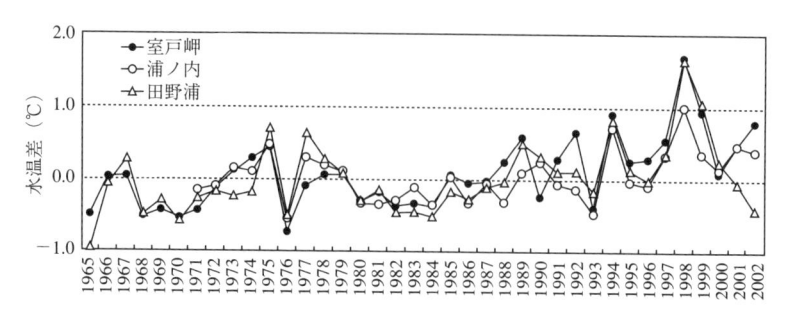

図4・3 水温定点観測地点における年平均値と平年値との水温差（石川ら，2004を改変）
平年値は1965～1998年の平均値を用いた．

しく高く，土佐湾沿岸の水温上昇は局所的なものではなく，広範囲であったと考えられている（石川ら，2004）．

カジメの葉部と茎部の光合成量と呼吸量から，個体の生産量を推定した結果，光合成量と呼吸量の収支バランスは茎部が短いほど高水温環境下でもプラスとなるが，茎部が短い手結産カジメであっても28℃以上ではマイナスになる（Serisawa, 1998）．また，11～12月に高水温の場合，特に大型個体の流失量が増加し，翌年の幼芽の萌出数も減少することが知られている（山内ら，2000）．

以上のように，土佐湾における1998年から1999年の高水温現象はカジメの生残に大きな影響を与え，底生動物や藻食性魚類の活性を高めて摂食期間を長期化させ，カジメ群落の生育阻害を起こしたものと考えられる．

## 4.3 カジメ藻場の造成

### 4.3.1 種苗生産の手順

高知県ではヒロメやカジメの種苗生産技術は1973年から1976年に確立されている（広田ら，1975；広田ら，1976；広田・生田，1977；広田ら，1978）．そのうちのカジメ種苗生産の手順を以下に示す．

**母藻採取**：本県のカジメは10月下旬頃から成熟盛期を迎える．母藻の採取は，仮根部から藻体全体を採取する方法と，子嚢斑を形成している側葉（図4・4A）のみを採取し，茎状部と葉状部を残す方法がある．前者の場合は採取後に成熟が不十分であれば蓄養による追熟が可能であるが，採取地のカジメ群落減少に

大きく影響する．後者は長期間の蓄養はできないが，採取地のカジメ群落保護の観点から優れている．

**子嚢斑部分の切り取り**：採取したカジメ葉状部から子嚢斑部分をハサミで切り取り，葉片表面の付着物や狭雑物などをウエスなどで拭き取り清浄にしてバットなどに並べる（図4・4B）．

**冷暗処理（陰干し）**：子嚢斑部分の葉片が入ったバットを冷暗所（5℃前後の冷蔵庫内）に入れて約30分間冷暗処理を行う．

**種付け**：冷暗処理を行った子嚢斑部分の葉片を，濾過海水を満たしたバットなどに入れる．遊走子は1時間程度で放出され，海水が遊走子によって濁り，放出が確認された後（図4・4C）．種糸を巻き付けた塩ビパイプの採苗器を漬け込む．1時間程度放置して遊走子を種糸へ付着させる．なお，一般に付着基質の種糸にはクレモナ糸が用いられる．

**種苗の育成**：水槽（500 $l$）内で通気しながら，採苗した配偶体を育成する（図4・4D）．海水はポアサイズ25 $\mu$m と 5 $\mu$m のフィルターで2段階濾過したものを

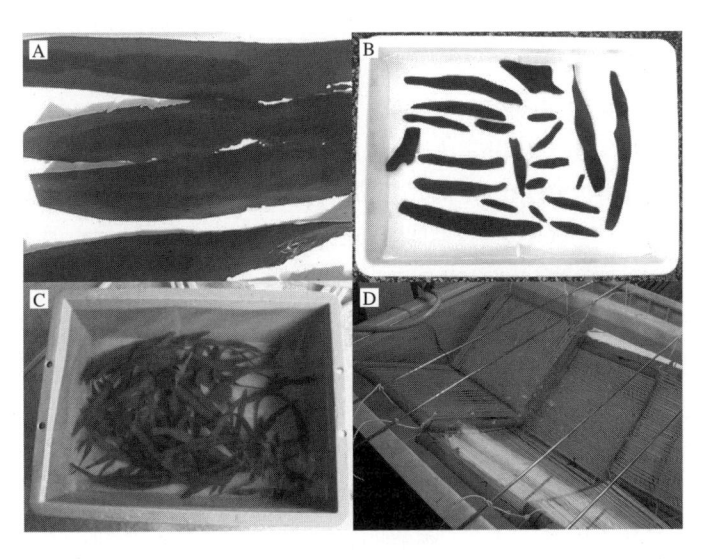

図4・4 カジメ種苗生産
A: 子嚢斑を形成したカジメの側葉，B: 側葉から切り取った子嚢斑部分，
C: 遊走子の放出，D: 水槽での育成

使用して常時かけ流し，エアレーションによって水槽内の海水を循環させながら養成する．当場ではフィルター通過前に砂濾過と 50 μm のフィルターにより前処理が行われている．光条件は 40 ワットの植物育成用ライトを水槽当たり 2 本使用し，12 時間：12 時間の明暗周期とする．育成開始後 2 週間程度は止水として通気するが，珪藻の生育が目立つようになったら注水する．このほか，夜間などに水温が 10℃ を下回るようであれば注水を行う．

**種苗の沖出し**：種苗が葉長 10 cm 程度に伸長後，沖出しを行う．種糸種苗の場合は岩礁やブロックへ巻き付けるが，このとき種糸が波などで動かないように取り付けることが望ましい．また，現場海域へ直接沖出しする前に，仮沖出しを行うこともある．

### 4.3.2 高知県沿岸のカジメの藻場造成

高知県の藻場造成は，1970 年以降カジメを対象に行われてきた．

**西部沿岸域**：大方町（現在黒潮町）灘，同町浮津，佐賀町（現在黒潮町）佐賀などの地先では 1978～1979 年にかけてカジメの藻場造成がなされた(高知県，1981)．灘ではカジメの種糸を巻きつけた建材ブロック 3 個をロープとステンレス棒で固定し，食害防止のため，水深約 1 m のガラモ場内へ設置した．設置半年後の 1980 年 2 月の調査では食害はなく順調な生育が認められている．また，灘漁港内には，当時室戸市三津地先で実績のあった陰干ししたカジメ母藻を現場に投入して遊走子放出させる方法が取られている．1979 年 11 月には同町田野浦地先のカジメ 200 kg を 9 時間陰干しして，干潮時に灘漁港内に投入し，母藻を足で踏んで遊走子放出を試みている．佐賀では 1979 年 6 月に水深 1.5 m の海域で中層張りロープに種苗を巻き付けたが，2 ヶ月後には魚類の食害によって全ての藻体が消失した．浮津ではカジメが自生することから，カジメ群落付近で天然採苗用藻礁を設置したが，カジメの着生は認められていない．

大方町（現在は黒潮町）伊田，土佐清水市以布利，同市窪津などの地先では 1982 年に藻場造成試験が行われ（上野，1984），香美郡（現在は香南市）夜須町手結のカジメを母藻として，種糸を塩ビパイプ枠（35 cm × 38 cm；45 cm × 50 cm；50 cm × 50 cm）に巻き付けて種苗を生産し仮沖出しの後，種枠ごと既設の消波ブロックに取り付けている．1983 年には須崎市久通地先の母藻を用い

て同様の方法で大方町伊田，土佐清水市以布利，同市窪津，大月町周防形などの地先で行なわれた（長谷川，1985）．1984年にも窪川町（現在は四万十町）志和，大方町伊田，土佐清水市以布利，同市窪津，大月町周防形などの地先でも同様に行なわれたが，これに加えて志和地先ではカジメ種苗をビニール被覆針金に着生させたものも使用された（溝淵，1986）．この3ヶ年の藻場造成試験は，いずれも貝類や魚類の食害や浮泥の堆積などによって成功しなかったが，志和地先では1985年6月に防波堤内側にカジメ10個体（藻体長15～30cmで3～5枚の側葉をもつ）の生育が認められている．それらは1989年9月には約200 $m^2$ まで拡大した（高知県水産試験場，未発表資料；高知県水産試験場，2002）が，2008年の観察では，それらの残存個体は認められていない．

**中央部沿岸域**：1977年から須崎市久通地先で行なってきたカジメ場造成は高知県沿岸における成功例の1つである．

1977年には漁港内でカジメ種苗を垂下育成した結果，葉長約5cmまで生長し，種糸から落下した幼体が岩盤に根を張って生長するのが認められたが，漁港沖水深2mへ沖出しした種苗の生残は認められなかった．

1977年と1979年の12月には，夜須町手結地先からカジメが着生した天然石（2～3トン/個）を須崎市久通地先の水深7mの岩礁域に，それぞれ11個，30個を投入した（図4・5上）．いずれも翌年の2～3月には，仮根部と茎状部のみの藻体しか残っていなかった．また，その後同所には幼体の生育が見られたが，成体にはならずに消失した．

1979年11月には，夜須町手結地先のカジメを母藻として種苗生産し，仮沖出し後，異型ブロックへ種苗塩ビパイプ枠（48cm×38cm）をロープで固定する方法で造成が行なわれた．その結果，1978年5月には久通漁港内外に約500 $m^2$ のカジメ群落が形成され，1980年5月には約1,500 $m^2$，1981年8月には約2,400 $m^2$ にまで拡大した（広田ら，1981）．さらにそれらは1985年には水深1～7mに約17,500 $m^2$ まで拡がった（図4・5下）（溝淵，1986）．当時は夜須町手結地先の母藻を用いて種苗生産していたが，1983年以降は久通地先の母藻を用いるほどとなった．しかし，その後1995年の観察では幼体のみが水深6m以深に見られ（織田ら，1997；織田・村上，1998），2007年の観察では全く認められなかった．1980年から同市池ノ浦でも久通と同様の手法で藻場造成が試

図4・5 須崎市久通地先でのカジメ藻場造成
上：ボックス船によって手結地先から運搬されたカジメが生育する天然石（1979年12月撮影），
下：約1.8haまで拡大したカジメ群落（1985年9月撮影）

みられた．また，1990年に，須崎市久通地先のカジメ約260個体を，120個の建材ブロックにゴムバンドで固定して池ノ浦地先に移植したが，約1ヶ月後には移植個体全ての葉部が失われ，幼体の生育も確認できなかった（岡村，1992）．当該地先では，同時に高知大学のカジメ成体移植試験（大野ら，1983）も行なわれ，1992年頃には漁港内の水深1～4mに約200$m^2$のカジメ群落が形成された（高知県水産試験場，未発表資料；高知県水産試験場，2002）．しかし，

それらは 2008 年の観察では全く認められない.

　**東部沿岸域**：カジメ藻場造成は室戸岬東岸では 1975〜1978 年にかけて試みられた（高知県，1978）．1975 年 10 月に手結産カジメを母藻として種苗生産した種糸を藻礁に付けて，1976 年 4 月に室戸市三津地先に沈設したが，小型巻貝

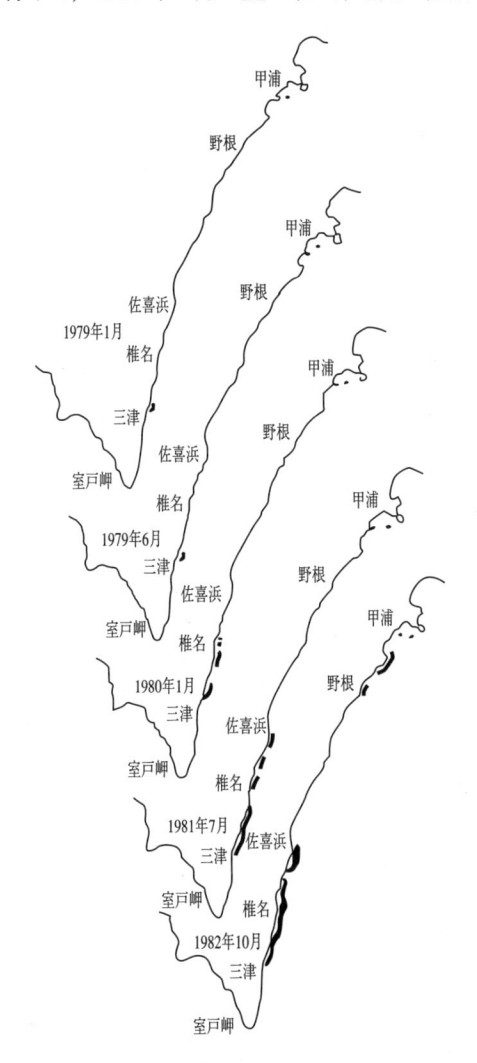

図 4・6　東部海域におけるカジメ・クロメ群落の拡大（高知県 1984）
上から 1977 年，1979 年，1980 年，1981 年，1982 年におけるカジメ属群落の分布を示す．

の食害によって消失した．1976年には手結地先で採集したカジメ成体を建材ブロックに針金などで固定し，三津地先の水深3～5mの岩陰に移植した結果，約2ヶ月後の1977年1月には，仮根部のみを残して藻体は流失した．1976年10月には手結産カジメ母藻200kgを陰干し輸送し，三津地先の低潮線下50cmに投入して遊走子を放出させた．約4ヶ月後の1977年1月に母藻投入地点から50mの範囲に葉長約3cmの幼胞子体が確認され，1979年頃から室戸岬東岸にはカジメやクロメの群落拡大が認められている（図4・6）（高知県，1984）．同年6月には水深0～3mに約600$m^2$のカジメ群落が認められ，12月には三津から約3km離れた椎名沿岸にまで拡大し，約17haのカジメ場が形成されている（高知県，1981）．

以上のように，須崎市久通地先では造成したカジメ場が10年近く維持されたが，これまで高知県沿岸の他の海域では長期間にわたって造成藻場が維持されている事例はない．また，日本の他の沿岸でも，磯焼け域に造成したアラメ・カジメ場がこのように長期間維持された例もない（寺脇，2003）．平岡ら（2005）は，土佐湾沿岸域の水温上昇が続く中で，カジメ類のような衰退状態にある海藻種を繁茂させようとしても困難であり，沿岸域の植生変化，環境変動の情報を集めて，変化する環境に適応した別の種と造成手法を選択する必要があるとしている．また，高知県水産試験場では，2003年から「土佐湾の環境変動に対応した藻場の維持回復に関する研究（田井野・石川，2005；田井野ら，2006，2007）」に取り組み，カジメのみを対象とした藻場造成から，各地先と環境へ適応した種による藻場再生へと方針転換した．

## 4.4 魚類とウニ類の食害対策と里海づくり

### 4.4.1 魚類の食害防御

カジメ藻場造成では，造成や藻体移植後に魚類の食害によって藻場が消失する現象が頻発していることから，その対策は重要課題である．

**食害防御網**：1981年9月から1982年2月にかけて，高知大学は香南市夜須町手結のカジメ成熟藻体を土佐市竜，同市白ノ鼻，須崎市池ノ浦などの地先に移植した（大野ら，1983）．移植はカジメ藻体をゴムバンドで固定したブロック（50

~100個)を海底に敷き詰めて，針金で固定して行った．

竜地先ではアメフラシ Aplysia kurodai の食害によってカジメ藻体は消失した．白ノ鼻地先ではブダイ Calotomus japonicus による食害が著しく，防御籠や黒ビニール膜を付設しなかったブロック上のカジメは移植後2週間で食べ尽くされた．池ノ浦地先の藻体は1982年8月までは順調に生育したが，その後，台風の波浪によって設置施設ごと流出した．また，高知県水産試験場では2001年に香南市夜須町手結と黒潮町田野浦の両地先で，魚類の食害を防御するため，ナイロン製網またはトリカルネットを張った籠を設置した（石川・荻田，2003）が，いずれも波浪により網の破損や施設の流失となった．

長崎県野母崎町地先では，1985年に海藻礁に防護ネットを取り付けることで，クロメを良好に越夏させることができたと報告されているが，台風時の波浪によって施設ごと破壊されている（四井，1999）ため，網の付設は魚類の食害防御に有効であるが，耐波浪性が難点といえる．

**人工海藻**：2001〜2002年に人工海藻による魚類食害防御試験が行われた（石川・荻田，2003；石川ら，2004）．カジメ種苗を固着させた建材ブロックの側面や上面を人工海藻（高さ60〜100cm）で覆うように付設して，食害の程度を観察した．その結果，移植海藻上面を人工海藻で覆った場合や，移植海藻と人工海藻の間隙が狭い場合は食害が低減される傾向がみられている．

建材ブロックに移植したカジメを囲むように黒ビニール膜を付設した場合は，魚類の食害防御効果が確認されている（大野ら，1983）．一方，和歌山県では，カジメ幼体を着生させた藻礁に同様の黒色ビニール（かかし）を設置したが，魚類食害防御の効果は認められなかったことが報告され（木村，2006），人工海藻では十分な魚類の食害防御効果は認められていない．

**ホンダワラ類の混植**：トゲモク Sargassum micracanthum を混植することで，魚類の食害を防ぐ試験を安芸郡芸西村西分漁港で，魚類の食圧が高まる秋季から冬季（中山・新井，1999；山内ら，2000）に行った．

2004年12月8日に西分漁港内の間伐材藻場造成礁上にカジメとトゲモクを異なる移植間隔で取り付けた．なお，カジメは黒潮町田野浦，トゲモクは同町上川口からの採取藻体を用いた．藻体は付着器を挟み込むように股釘またはステップルで間伐材に打ち付けた．各試験区の移植間隔は，試験区1：カジメのみ

を移植(トゲモクなし),試験区2:カジメとトゲモクの移植間隔30 cm,試験区3:同移植間隔20 cm,試験区4:同移植間隔10 cm(図4・7)であった.試験前に,移植するカジメの茎長,中央葉長,最大側葉長(葉状部の左右最大側葉の平均値),10 cm 以上の側葉数(葉状部の左右側葉枚数の平均値),湿重量を測定し,個体番号により識別した.追跡調査は移植後1,2,5,7日後に当たる

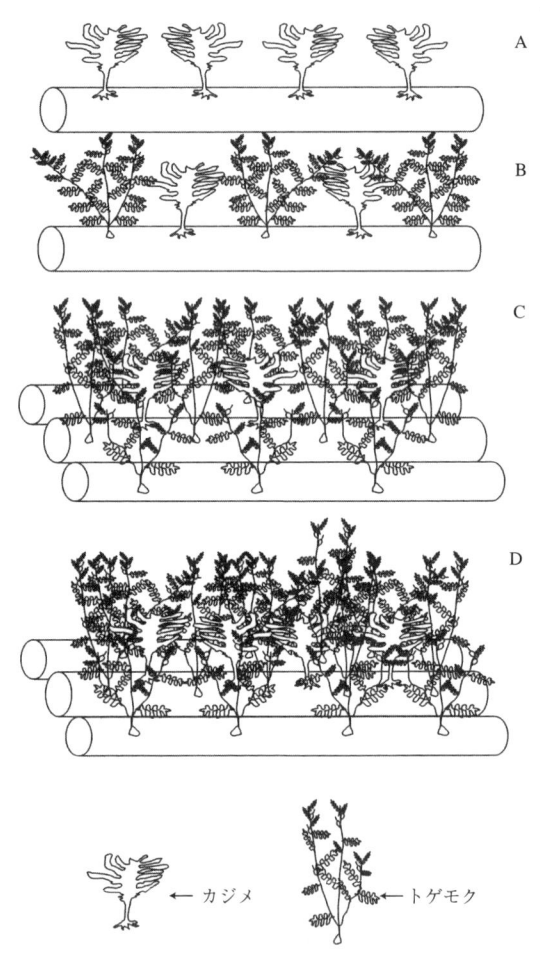

図4・7 試験区の概要
A:試験区1;カジメのみを移植(トゲモクなし),B:試験区2;両種の移植間隔30 cm,
C:試験区3;両種の移植間隔20 cm,D:試験区4;両種の移植間隔10 cm

2004年12月9, 10, 13, 15日にそれぞれ行なった．追跡調査では，潜水によりカジメの中央葉長，最大側葉長，10 cm以上の側葉数，被食指数（表4·1）（荒武・福田，2004）を観察した．試験終了時には全てのカジメを回収し，湿重量を測定した．ただし，ここでは被食指数，最大側葉長，側葉数について述べる．統計解析は，二元配置の分散分析，Bonferroniの方法で行った．

移植後1日目からカジメには多くの摂食痕が認められ，2日目以降は葉状部がなく，茎状部のみとなった個体が見られ始めた．桐山ら（2001）が観察した摂食痕の報告に従うと，本海域における食害魚種はイスズミ Kyphosus vaigiensis とブダイが考えられた．トゲモクには摂食痕は認められなかった．被食指数の推移を見ると（図4·8），全ての試験区で摂食痕が日数の経過とともに増加したが，試験開始から5, 7日目には，トゲモクなし区と30 cm間隔区に比べて，20 cm間隔区と10 cm間隔区は被食程度が低く維持された．

最大側葉長はトゲモクなし区では試験開始前の37.6 cmから終了時の5.3 cmへと大きく減少し（図4·9），30 cm間隔区でも29.1 cmから2.7 cmへと短くなった．一方，20 cm間隔区と10 cm間隔区では，試験開始から2日後まではほとんど変化が見られず，終了時でもそれぞれ17.6, 16.8 cmの側葉が残っていた．試験開始前の最大側葉長は試験区間で有意な差は認められなかったが，試験開始後5日目には，トゲモクなし区と10 cm区（$p < 0.01$），トゲモクなし区と20 cm区（$p < 0.05$），30 cm区と20 cm区（$p < 0.01$）でそれぞれ有意に被食程度に差が認められた．

試験開始前の各試験区の平均側葉数は5.3〜6.4枚で，有意な差は認められない（図4·10）．しかし，試験開始後5日目にはトゲモクなし区と10 cm区（$p < 0.01$），トゲモクなし区と20 cm区（$p < 0.05$），30 cm区と20 cm区（$p < 0.05$）でそれぞれ有意な差が認められた．

これまでに混植による魚類の食害防御に関する報告はほとんどない．今回の試験は7日間という短期間ではあったが，10〜20 cmの間隔でカジメとトゲモクを混植すれば魚類の食害をある程度は防ぐことができると考えられた．

2002年12月にウニ類除去を実施した黒潮町上川口地先では，トゲモクとホンダワラ属の一種を主体とするガラモ場が形成された．そのガラモ場内にはカジメが生育し，現在まで順調に生育している．

表4・1 本試験で用いた被食指数
荒武・福田（2004）を改変

| 被食指数 | 被食状況 |
| --- | --- |
| 1 | 被食痕が見られない |
| 2 | 葉状部の30%未満を失うもの<br>（被食痕が見られる葉状部が30%未満） |
| 3 | 葉状部の30～70%未満を失うもの<br>（被食痕が見られる葉状部が30～70%） |
| 4 | 葉状部の70%以上を失う（被食痕が見られる葉状部が70%以上）が，成長点が残るもの |
| 5 | 葉状部の全てを失い茎状部のみとなったもの |

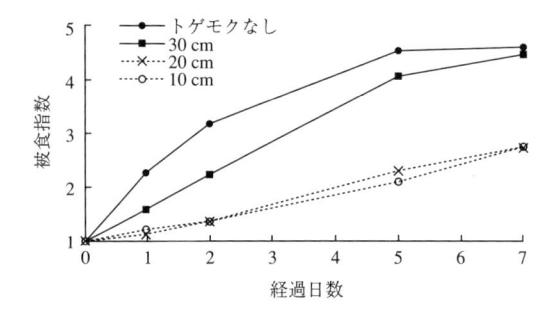

図4・8 被食指数の推移
各試験区の平均値を示す．

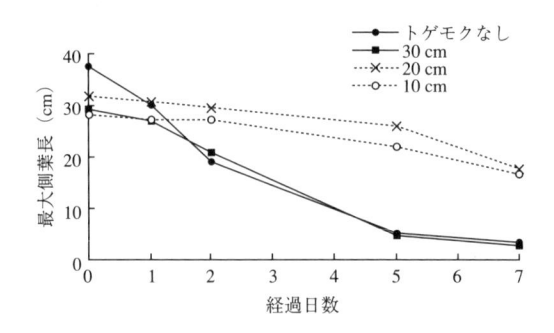

図4・9 最大側葉長の推移
各試験区の平均値を示す．

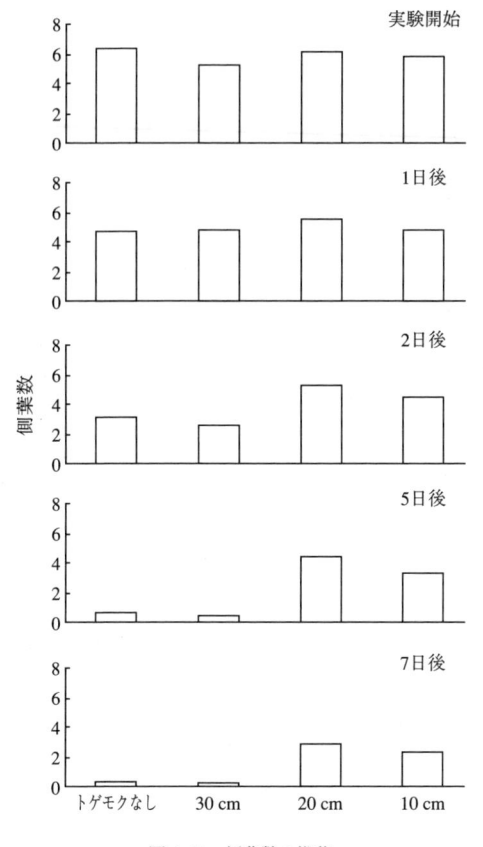

図4·10 側葉数の推移
各試験区の平均値を示す．

　魚類の食害が強まる時期は秋から冬である．この時期に高知県沿岸に生育するトゲモクは繁茂期を迎える．また，カジメ葉状部には子嚢班が形成され成熟期を迎える．この頃に葉状部を魚にかじり獲られることは，成熟期を迎えようとするカジメにとっては大きな損失となる．しかし，黒潮町上川口地先では，繁茂期を迎えたトゲモクとホンダワラ属の一種によって，カジメが覆われて魚類の摂食圧が和らげられるように見える．その後の1月から2月にトゲモクとホンダワラ属の一種は衰退期を迎え主枝を落として，カジメが姿をあらわすが，この頃には魚類の摂食圧は弱まっている．さらに，この時期はカジメ幼胞子体が

芽生える時期と一致しており，混生群落の林冠部が空いて十分な光を得られることになる．このようにカジメとホンダワラ類による混生群落が維持されているのではないだろうか（図 4·11）．

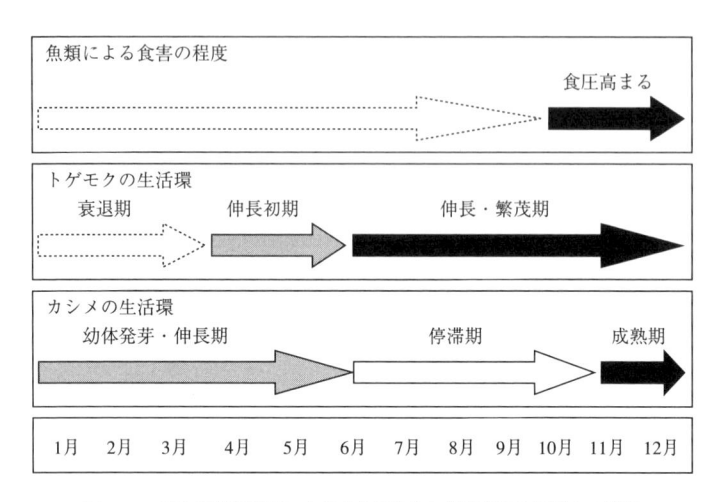

図 4·11　高知県沿岸海域における魚類食害と海藻類の生活環との関係

　ここでは高知県沿岸域におけるトゲモクの繁茂期が 11〜12 月であることと，土佐湾産のカジメが小型であることによって両種が絶妙な関係を作りあげていることに驚かされる．土佐湾産カジメは藻体長（茎長＋中央葉長）27.9〜52.8 cm（1 齢），16.8〜44.0 cm（2 齢）である（芹澤ら，2002）のに対し，トゲモクは最長時には 60〜70 cm 程度まで伸長する．したがって，ホンダワラ類の中では比較的小型のトゲモクでもカジメを十分に覆うことができる．また，カジメ群落が現在も維持されている土佐湾西部の黒潮町海域ではブダイなどの食植性魚類の生息数が土佐湾東部や中央部よりも少ない傾向があることも，ホンダワラ類とカジメの混生群落持続の一因となっていると思われる．
　高知県における魚類食害対策を振り返って見ると，人工物から天然素材へ，人為的群落から天然群落の利用へと変遷している．今後も海中の生物間関係をつぶさに観察することで，生態系から多くの示唆が得られるものと思われる．

### 4.4.2 ウニ類の食害防御

ウニ類と海藻との関係は古くから研究されてきているが，高知県のウニ類の食害対策はまだ始まったばかりといえる．

高知県では，2002年から黒潮町上川口地先でウニ類除去による藻場造成が始まった．約1haから全てのウニ類を潜水により潰した結果，地先の浅所に残存したトゲモクやホンダワラ属の一種が母藻となり，1年後にはそれらの群落が形成された．さらに，それら群落の間にカジメが生育していることも確認された．2003年と2005年にもそれぞれ約1haからウニ類を除去した結果，順調にガラモ場が形成された．当地先では，2007年には漁業者によって地先のウニ類の除去が行なわれ，高知県では磯焼け解消地のさきがけとなっている．本県沿岸のウニ類除去による藻場再生の試みは徐々に広がり，室戸市坂本地先，香南市夜須町手結地先，須崎市池ノ浦地先，同市久通地先でも同様の作業が行われている．沿岸にホンダワラ類が生育する上川口，池ノ浦，久通地先ではガラモ場が順調に再生されつつある．一方，周辺に大型海藻が見られない坂本，手結地先では，スポアバッグなどを利用した胞子や幼胚散布が必要と考えている．さらに，坂本地先ではウニ除去中にもブダイなどの植食性魚類が多数観察され，ウニだけでなく植食性魚類の影響もある．

最近，土佐市宇佐地先では東海大学や高知大学と民間企業によって底生性動物の這い上がり防止機能を付加した藻礁によるカジメ藻場造成も試みられている（芹澤ら，2007）．2003年には，高床式藻礁の親ロープに葉長約10cmのカジメ種苗を固定し，その後の生長を観察した結果，カジメ種苗は順調に生長し，2006年6月には藻礁周辺にまでカジメ群落の拡大，維持が確認された．試験海域はこれまでカジメが自生していない場所であったが，ウニ類や貝類の這い上がり防止機能に加えて，内湾と外海の水の潮通しがよく，温度変化や塩分変化が激しい環境特性によってブダイなどによる食害がなかったことが幸いしていると考えられている．

### 4.4.3 里海づくりとウニ類除去

「里海づくりを目指した藻場再生手法の確立」として，2006年以降，ウニ類除去による藻場再生を柱とした沿岸域管理手法を地先の漁業者と協働で開発しよ

うとしている．イセエビ漁とその資源管理に力を入れている須崎市池ノ浦と久通地先で，地元漁協，地域住民のボランティア，学生たちとともにウニ類除去を実施し，岸沿いのトゲモク群落を沖側へ広げることを目指している．現在のところ，協働によるウニ類除去によって，順調にトゲモク群落が拡大しつつある．

「里海」は，「人手が加わることにより，生産性と生物多様性が高くなった沿岸海域」と定義されている（柳，2006）．地先によっては人の力でウニの数を減らすことができ，沿岸域の藻場の再生が可能と考えられる．今後も地域住民，ボランティア，大学，水産高校などと連携してウニ類除去による藻場の再生に取り組んで行きたいと考えている．

（田井野清也）

## 引用文献

荒武久道・福田博文（2004）：平成13年度宮崎県水産試験場事業報告書, 67-79.
荒武久道・清水博・渡辺耕平・吉田吾郎（2007）：宮崎県水産試験場研究報告, 11, 1-13.
原口展子・山田ちはる・井本善次・大野政夫・平岡雅規（2006）：高知大学海洋生物研報, 24, 1-9.
長谷川好男（1985）：昭和58年度高知県水産試験場事業報告書, 81, 15.1-15.4.
平岡雅規・浦吉徳・原口展子（2005）：海洋と生物, 27, 485-493.
広田仁志・石井功・田村光雄（1975）：昭和48年度高知県水産試験場事業報告書, 71, 167-168.
広田仁志・上野幸徳・田村光雄（1976）：昭和49年度高知県水産試験場事業報告書, 72, 230-232.
広田仁志・生田敬昌（1977）：昭和50年度高知県水産試験場事業報告書, 73, 105-108.
広田仁志・上野幸徳・生田敬昌・西森和男（1978）：昭和51年度高知県水産試験場事業報告書, 74, 122-123.
広田仁志・篠原英一郎・山口光明（1981）：南西海区ブロック会議藻類研究会誌, pp.20-29.
広田仁志・山口光明（1982）：水産土木, 18, 15-18.
石川 徹・村田 宏・浜田英之（2000）：平成10年度高知県水産試験場事業報告書, 96, 81-137..
石川 徹・山中弘雄・石井 功・荻田淑彦（2002）：平成12年度高知県水産試験場事業報告書, 98, 152-159.
石川 徹・荻田淑彦（2003）：平成13年度高知県水産試験場事業報告書, 99, 147-154.
石川 徹・田井野清也・荻田淑彦（2004）：平成14年度高知県水産試験場事業報告書, 100, 90-116.
木村 創（2006）：磯焼け対策シリーズ1 海藻を食べる魚たち - 生態から利用まで -（藤田大介・野田幹雄・桑原久実編著），成山堂書店, pp.62-76.
桐山隆哉・野田幹雄・藤井明彦（2001）：水産増殖, 49, 431-438.
高知県（1978）：室戸東地区，大規模増殖場開発事業調査総合報告書 昭和52年度版（水産庁）, pp.33-34.
高知県（1981）：幡東地区．大規模増殖場開発事業調査総合報告書 昭和55年度版（水産庁）, pp.38-40.
高知県（1984）：藻場．東部海域総合開発事業調査報告書（昭和56年～58年度）, pp.61-86.

高知県海洋局・(株)東京久栄 (2005):緊急磯焼け対策モデル藻場造成調査委託業務成果報告書,120pp.
高知県水産試験場 (2002):藻場調査及び藻場造成試験,高知県水産試験場百年史 (高知県水産試験場), pp.20-22.
高知県水産試験場増殖科 (1921):高知県水産試験場事業報告書, 20, 93-132.
窪田敏文・石井 功・山口光明 (1979):高知県沿岸域の藻場調査. 沿岸海域藻場調査瀬戸内海関係海域藻場分布調査報告 (南西海区水産研究所), pp.355-373.
溝淵勝宣 (1986a):昭和59年度高知県水産試験場事業報告書, 82, 19.1-19.8.
溝淵勝宣 (1986b):昭和61年度南西海区ブロック会議藻類研究会誌, 6, 65-70.
中山恭彦・新井章吾 (1999):藻類, 47, 2-8.
Noro, T, (2004):*Kuroshio Biosphere*, 1, 1-6 + 4pls.
織田純生・村上幸二・黒岩 隆・角原美樹雄 (1997):平成7年度高知県水産試験場事業報告書, 93, 274-309.
織田純生・村上幸二 (1998):平成8年度高知県水産試験場事業報告書, 94, 303-307.
岡村雄吾 (1992):平成2年度高知県水産試験場事業報告書, 88, 19.1.
岡村雄吾 (2002):海洋構造変動パターン解析技術開発試験事業報告書 (平成9~13年度) (水産庁), pp.425-426.
大野正夫 (1970):土佐湾の海藻. 海洋資源開発基礎調査研究報告書 (高知県), pp.17-28.
大野正夫・笠原 均・井本善次 (1983):高知大学海洋生物研報, 5, 65-75.
大野正夫・田中幸記・平岡雅規・原口展子・石堂幹夫・今西秀明 (2005):*Kuroshio Biosphere*, 2, 43-51 + 6pls.
Serisawa Y. (1998):Comparative study of Ecklonia cava (Laminariales, Phaeophyta) growing in different temperature localities with reference to morphology, growth, photosynthesis and respiration, Doctoral treatise of Tokyo University of Fisheries. 133 pp.
芹澤如比古・井本善次・大野正夫 (2000):*Bull. Mar. Sci. Fish., Kochi Univ.*, 20, 29-33.
芹澤如比古・上島寿之・松山和世・田井野清也・井本善次・大野正夫 (2002):水産増殖, 50, 163-169.
Serisawa Y., Imoto Z., Ishikawa T. and Ohno M. (2004):*Fish. Sci.*, 70, 189-191.
芹澤如比古・井本善次・井本義己・芹澤 (松山) 和世 (2007):水産増殖, 55, 47-53.
田井野清也・石川 徹 (2005):平成15年度高知県水産試験場事業報告書, 101, 96-107.
田井野清也・林 芳弘・浦 吉徳 (2006):平成16年度高知県水産試験場事業報告書, 102, 63-74.
田井野清也・林 芳弘・上野幸徳 (2007):平成17年度高知県水産試験場事業報告書, 103, 70-81.
田中敏博 (2006):水産工学, 4, 47-52.
谷口森俊 (1961):日本の海藻群落学的研究, pp.65-68.
寺脇利信 (2003):藻場の海藻と造成技術 (能登谷正浩編著), 成山堂書店, pp.100-113.
寺脇利信・新井章吾 (2004):有用海藻誌 (大野正夫編), 内田老鶴圃, pp.133-158.
上野幸徳 (1984):昭和57年度高知県水産試験場事業報告書, 80, 19.1-19.8.
浦 吉徳 (1999):平成9年度高知県水産試験場事業報告書, 95, 106-119.
山内 信・上出貴士・堀木信男・加来靖弘・小川満也・翠川忠康 (2000):太平洋中部域のカジメ藻場 (和歌山県), 水産業関係特定研究開発促進事業 藻場の変動要因の解明に関する研究 総括報告書平成7~11年度 (北海道・青森県・京都府・和歌山県・水産庁北海道区水産研究所), 27 pp.
柳 哲雄 (2006):里海論, 恒星社厚生閣, pp.29-37.

吉村　拓・桐山隆哉・清本節夫（2006）：磯焼け対策シリーズ1 海藻を食べる魚たち―生態から利用まで―（藤田大介・野田幹雄・桑原久実編著），成山堂書店，pp.62-76.

四井敏雄（1999）：磯焼けの機構と藻場修復（谷口和也編），恒星社厚生閣，pp.111-120.

# 第5章

## カジメ類の分布変化－長崎県沿岸－

### 5.1 長崎県沿岸の大型褐藻類の生育

　長崎県（図5·1）が位置する九州西岸域は黒潮から分岐した対馬暖流の影響を受け，生育する海藻の種類数が多く，温帯性種のほかに亜熱帯性種もみられる（千原，1999）．そのため長崎県沿岸にはコンブ目植物は3科5属8種が生育し（表5·1），多様性に富む．各種の分布は，ワカメ，ツルモ，クロメは県内各地にみられるが，平戸島を境に主に北側にアラメ，カジメ，アオワカメが，南側にはクロメ，アントクメが生育し，ツルアラメは平戸島周辺に限られる．これらの内，ワカメとアラメ，カジメ，クロメは，いずれも食用にされるとともに，ワカメ以外は周年生育して藻場を形成し，アワビやウニなどの磯根資源の漁場となっている．しかし，「磯焼け」現象が県内各地で古くからみられ問題となり，実態把握や対策のための調査研究が行われてきた．その結果，ウニや巻貝の駆除と海藻の種の供給によって磯焼け藻場の回復が示され（四井，1999），藻食性底生生物の排除，成熟藻体（母藻）の付設による種の供給や人工種苗の移植，着生基質の投入など，公共事業などを利用した積極的な藻場造成が進められてきた．

　近年，これまで藻場の衰退や回復阻害の要因としてほとんど認識されなかった藻食性魚類による食害が顕著となり，県内各地の沿岸でアラメ，カジメ類の葉状部欠損（桐山ら，1999a），ヒジキの生育不良（桐山ら，1999b，2002），ワカメの葉状部欠損（桐山ら，2000）など，大型褐藻類の食害現象が相次いで問題となっている．最近の10年間には，壱岐市郷ノ浦町大島，五島列島北部の宇久，小値賀，下対馬西岸一帯，平戸島以南の鹿町から長崎市野母崎に至る本土側西岸一帯など，広域にわたってアラメ・カジメ類の藻場が消失し，磯根資源の減少への影響が懸念されている．ヒジキや養殖ワカメの生産量が半減する深刻な被害も起きている．このほか，県南部海域ではホンダワラ類のオオバモク，ホ

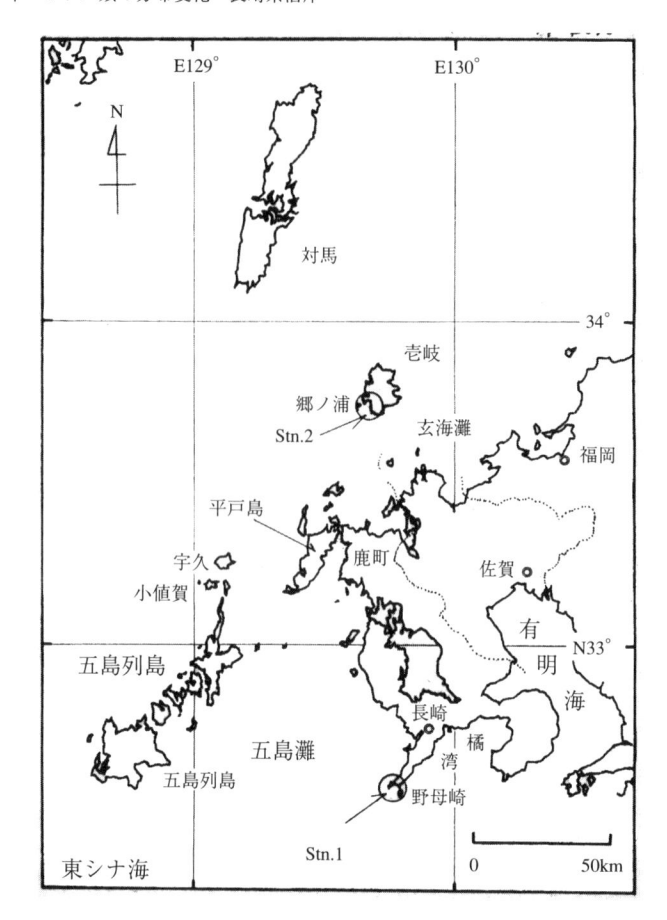

# 第5章 カジメ類の分布変化－長崎県沿岸－

図 5・1　調査位置図
Stn.1：野母崎町地先，Stn.2：郷ノ浦町地先

表 5・1　長崎県沿岸にみられるコンブ類

| 科 | 属 | 種 |
|---|---|---|
| チガイソ | ワカメ | アオワカメ |
| 〃 | 〃 | ワカメ |
| ツルモ | ツルモ | ツルモ |
| コンブ | カジメ | カジメ |
| 〃 | 〃 | クロメ |
| 〃 | 〃 | ツルアラメ |
| 〃 | アントクメ | アントクメ |
| 〃 | アラメ | アラメ |

ンダワラ，ジョロモク，フシスジモクの群落が衰退傾向にあることやノコギリ
モクの群落が目立つようになるなど，ガラモ場の優占種の変化や，出現種類数
の減少が認められている．一方，これまで分布域の北限が本県の南端であった
暖海性ホンダワラ類やアントクメ（瀬川ら，1961a，1961b）が，近年は県内各
地沿岸でみられるようになり，暖海性種の分布域の北上とも見なされている（桐
山ら，2005）．このような大型褐藻類の分布変化や魚類の食害の顕在化など一連
の変化は沿岸水温の上昇による直接あるいは間接的な影響とも考えられる．

　このため，藻場を取り巻く環境が大きく変化している現在では，藻場の回復，
造成や拡大，維持，管理には，従来手法による種苗投入，藻食性底生生動物の
排除などの磯焼け対策に加えて，新たに魚類の食害対策が必要となり，温暖化
が藻場の維持に及ぼす影響を明らかにし，環境変化に対応した藻場造成技術の
開発が求められる．本章では，本県南端に位置する長崎市野母崎町地先のクロ
メ場と本県北部の玄界灘に浮かぶ壱岐島南西の郷ノ浦町地先の（図5・1），1998
～2007年の調査結果を紹介する．

## 5.2　長崎市野母崎町地先のクロメ藻場の変化

　長崎市野母崎町は長崎市の南西，長崎半島の南端部に位置し，半島の西北側
には五島灘が，南西側には東シナ海が，東側には橘湾が広がり（図5・1），黒潮
や対馬暖流系の透明度の高い外洋水と有明海を経由する栄養塩の豊富な濁った
沿岸水の影響を受ける場所である（吉村ら，2006）．野母崎町沿岸はかつて豊か
なクロメやガラモの藻場がみられたが（西川ら，1981），1998年秋にはクロメ
の葉状部欠損現象が発生し，その後クロメ藻場の衰退が著しい．ガラモ藻場も
衰退傾向にあり，藻場構成種類に変化がみられ，オオバモク，ホンダワラ，ジョ
ロモクがみられなくなり，フタエモク，キレバモク，ウスバモクなどの暖海性種
が増加した．上記1998年のクロメ葉状部欠損現象の発生を契機に，野母崎町地
先のクロメの分布やクロメ藻場が維持されていた野母地区と樺島地区に定点を
設けて継続的な調査を行った．

### 5.2.1 1998年秋のクロメ葉状部欠損現象

1998年秋に野母崎町地先の野母地区で独立行政法人水産総合研究センター西海区水産研究所（以下，西海区水研）の調査で，クロメの葉状部が欠損する現象が初めて観察された．そこで，西海区水研（吉村 拓，清本節夫氏）と共同で，地元野母崎三和漁業協同組合への聞き取り，素潜り，箱メガネによる目視観察を行い，最も顕著に葉状部欠損が認められた野母地区沿岸で，1998年12月7日にSCUBA潜水による標本採取を行った（桐山ら，1999a）．

その結果，クロメの葉状部欠損藻体は野母崎町地先の北西岸から南岸に至る各地の群落に広く認められ（図5・2），葉状部全体が欠損し，茎のみとなったものから中央葉や側葉がわずかに残るもの，ほとんど欠損がないものまで観察され（図53A），野母崎町西岸の黒浜から高浜沿岸では，欠損状態は比較的軽微で，側葉が短くなった藻体や中央葉のみとなった藻体が群落内の所々にみられる程度であった．野母崎町南岸の野母地区では沿岸線約2kmにわたって，クロメ藻場内の多くの藻体は茎のみ，または側葉が極めて短くなり壊滅的であった（図5・3B）．しかし，野母地区対岸の樺島地区では，全く異なり，樺島北西から南東岸一帯には健全なクロメが生育していた．また，水深が1～2mの浅所には健全なクロメが多く残っており，成体に多くの欠損が認められたが，幼体にはほとんどみられず，同所に生育するノコギリモクやヨレモクの主枝には欠損は観察されなかった．このように同地先でも地区，水深，成体と幼体，クロメとホンダ

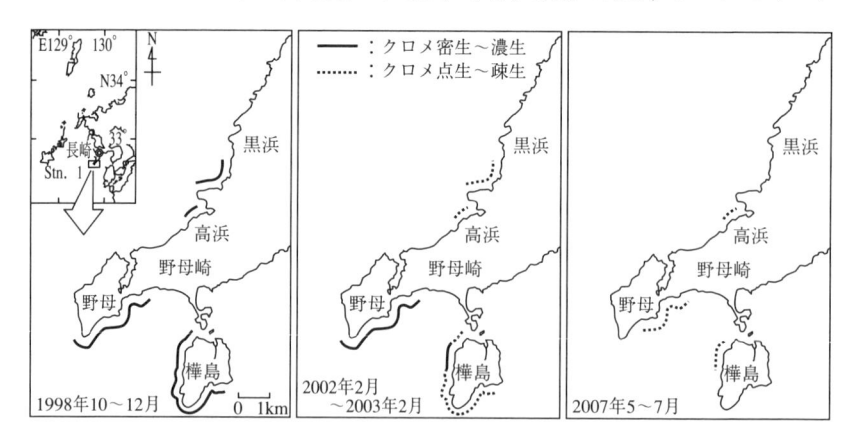

図5・2　野母崎町地先におけるクロメの分布状況

## 5.2 長崎市野母崎地先のクロメ藻場の変化

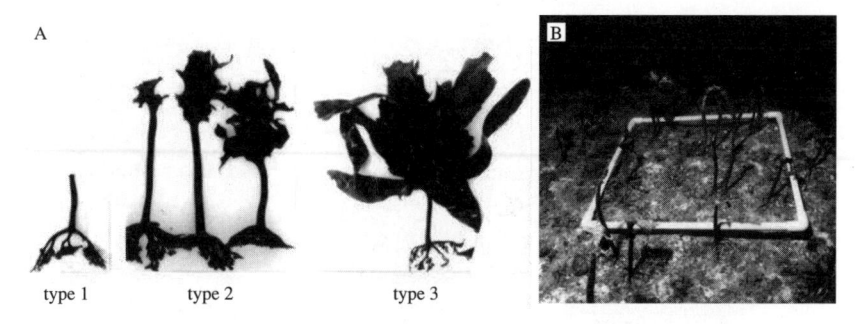

図5・3 葉状部欠損現象が見られた野母地区で採取したクロメ（A）および葉状部欠損現象の発生状況（B）.
A：Type 1；葉状部が欠損し茎のみとなったもの，Type 2；中央葉および側葉の一部が残存しているもの，Normal；葉状部の欠損がほとんどみられないもの．B：枠の大きさは 50 × 50，水深約 4 m.

ワラ類などで欠損の有無が異なったことから，水温などの環境変化による影響によるものではないと考えられた．

また，側葉や中央葉の縁辺に沿って弧状に欠損する藻体が多数観察され（図5・4A〜C），なかには葉状部縁辺の表面にも弧状の欠損部と同形の点線状の痕跡がみられた（図5・4B，C）．したがって，これらは魚類の摂食によるものと考えられた．そこで，クロメを摂食した魚種を特定するため，野母崎町地先に分布する藻食性魚類7種，アイゴ，ノトイスズミ，ブダイ，ニザダイ，メジナ，カワハギ，ウマヅラハギに水槽内でクロメを投与したところ，アイゴ，ノトイスズミ，ブダイの3種がよく摂食し，投与したクロメは葉状部が摂食され，側葉をわずかに残した藻体や茎以外の全てが摂食された藻体まで，野母崎町地先での観察藻体と同様の欠損状態が観察された．さらにそれぞれの魚種の特徴的な摂食痕は野母地区で観察された痕跡とも一致した（図5・4D〜F）．したがって，クロメ葉状部の欠損は，アイゴ，ノトイスズミ，ブダイの摂食によるものと推察された（桐山ら，1999a，2001）．

その後の調査で，県内各地のアラメ，カジメ，クロメ群落にも同様の葉状部欠損現象が広く認められることもわかり（桐山ら，1999c），1998年には，その他にヒジキの生育不良や養殖ワカメの葉状部欠損も問題となった（桐山ら，1999b，2000，2002）．これらはその後も続いて秋，初冬に認められている．

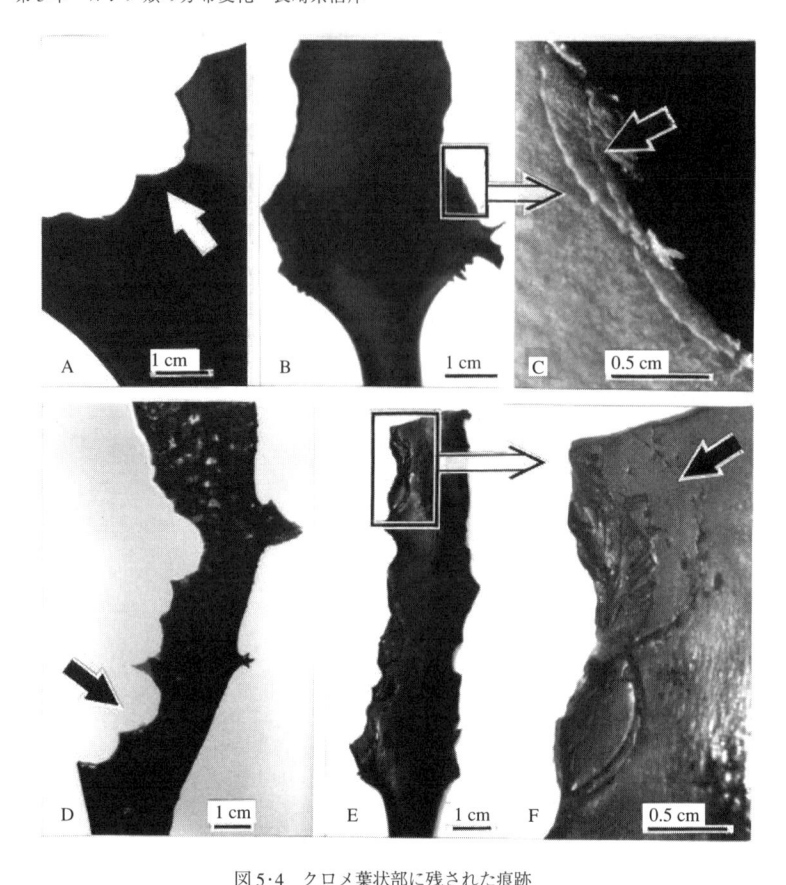

図 5・4 クロメ葉状部に残された痕跡
A〜C：野母崎町地先で採取したクロメの葉状部に残された痕跡，D〜F：水槽内実験で確認されたブダイの摂食痕．

　1998年の気温は世界的に観測史上最も高い年で（気象庁，1999），日本各地でその記録更新が認められた．海水温も同様に例年になく高く，沖縄や世界各地でサンゴの白化現象が問題となっている．長崎県沿岸では五島列島南方の女島の年平均水温は過去50年間で最高値を記録し，初めてクロメ葉状部の欠損が認められた秋，冬の水温は例年より1〜2℃高めに推移した（長崎海洋気象台，1955-2005）．したがって野母崎町地先でも高水温傾向であったと考えられ，秋，冬の水温低下の遅れが魚類の摂食活動を長期化させたものと推察された．

### 5.2.2 野母崎町地先のクロメ藻場の変化

2001年から，クロメ藻場が維持されていた樺島地区（4ヶ所：Stn.1～4）と野母地区（2ヶ所：Stn.5, 6）に観測定点を設け（図5·5），毎年5, 6月と12, 1月の年2回のSCUBA潜水によるクロメとホンダワラ類の分布を調べた（桐山・藤井，2005）．沿岸線から垂直に200mの測線を沖へ張り出し，測線に沿って目視観察による被度を調べた．被度は，点生（0%＜，≦25%），疎生（25%＜，≦50%），密生（50%＜，≦75%），濃生（75%＜）の4段階に分けた．1×1mの枠取りを測線の岸と沖側で大型海藻類が最も密に生育する各1ヶ所で行った．採取した材料は長崎県総合水産試験場（以下，長崎水試）に持ち帰り，種類，湿重量などを計測し，クロメでは輪紋数から年齢を判別し，藻体に残された摂食痕から摂食した魚種を特定した．水温は，野母と樺島地区の水深約5mの海底に自記式水温計を設置し，1時間ごとの水温を記録した．なお，野母地区では2002年，樺島地区では2004年に各設置した水温計が消失したため，調査漁場の水温は両地区の水温を補完および平均して用いた．

野母崎町地先では，1999年秋，初冬にもクロメ葉状部の食害が観察され（清本ら，2000），野母崎町北西岸の黒浜から高浜地区では2002年2月から2003年2月に，クロメは点生から疎生と減少したが，食害の最も顕著であった野母地区では，密生から濃生への回復がみられた．しかし，それまで食害のなかった樺島地区では，西岸から南岸で食害によって点生から疎生へと減少し，密生から濃生の群落は北西岸のみとなった（図5·2）．2005年11月には野母地区西側でクロメの生育がほとんどみられなくなり（吉村ら，2006），2007年には，黒浜から高浜地区では消失し，クロメの残存は野母地区の東側と樺島地区の北

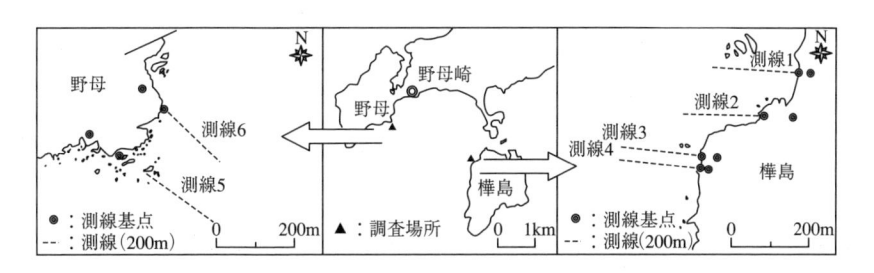

図5·5 野母崎町地先の野母および樺島地区の調査位置図

西側のみに縮小した（図5・2）．また，クロメ群落は，密生から濃生が点生から疎生に減少した．以上のように，野母崎町地先では，この間の約10年でクロメ群落は海岸線距離で1/4以下に減少し，ホンダワラ類とクロメの混生群落へと変化した．

　次に，樺島地区（測線1〜4）と野母地区（測線5，6）で行った2001年6月から2007年5月までの調査結果を示す．調査漁場は，岩礁帯で巨礫から転石がみられ，数mの起伏や砂地が部分的にみられる．調査測線の起点から終点の水深は約0〜12 mの範囲にあった．この沿岸は潜水漁業が盛んなため，ウニ，巻貝の藻食性底生動物は少なかった．大型褐藻類は，調査開始時の2001年6月には，両地区ともにクロメ，ワカメ，ホンダワラ類（7〜11種）が認められた（図5・6）．クロメは測線上に沿ってほぼ連続して生育し，樺島地区の測線1と2で疎生であったのを除き，3から6の測線では密生であった．ホンダワラ類は，全測線にマメタワラ，ノコギリモク，ヨレモク，エンドウモクがみられ，特にマメタワラが優占していた．このように樺島地区の1と2の測線ではホンダワラ類が主体で，それにクロメが混生し，樺島地区の3と4の測線と野母地区の5と6の測線ではクロメとホンダワラ類が密生していた．

　クロメの被度変化は，樺島地区1と2の測線では疎生または点生で推移したが，他の測線では，2004年頃から衰退傾向がみられ，測線3では密生から疎生に，測線4から6では密生から点生へと減少した（図5・6）．

　ワカメは2001年と2002年に大量の発生がみられ，測線1以外で密生から疎生であったが，2003年以降は全測線とも点生となった．

　ホンダワラ類はノコギリモク，マメタワラ，ヨレモクが全測線で調査期間を通して観察され，特にノコギリモクとマメタワラは密生から疎生で優占した．しかし，マメタワラは2004年5月以降，測線1と2で密生から疎生へ，測線4は密生から疎生であったものが疎生から点生に減少してノコギリモクが目立つようになった．

　海藻類の出現種数は5月と6月に多く，12月と1月に少なく，季節変化と年変化がみられたが，調査開始時の2001年6月と2007年5月を比べると，出現種数に大差はなく各測線で10種前後が維持された．しかし，出現種は変化し，2004年以降はフタエモク，マジリモク類，キレバモク，アントクメの暖海性種

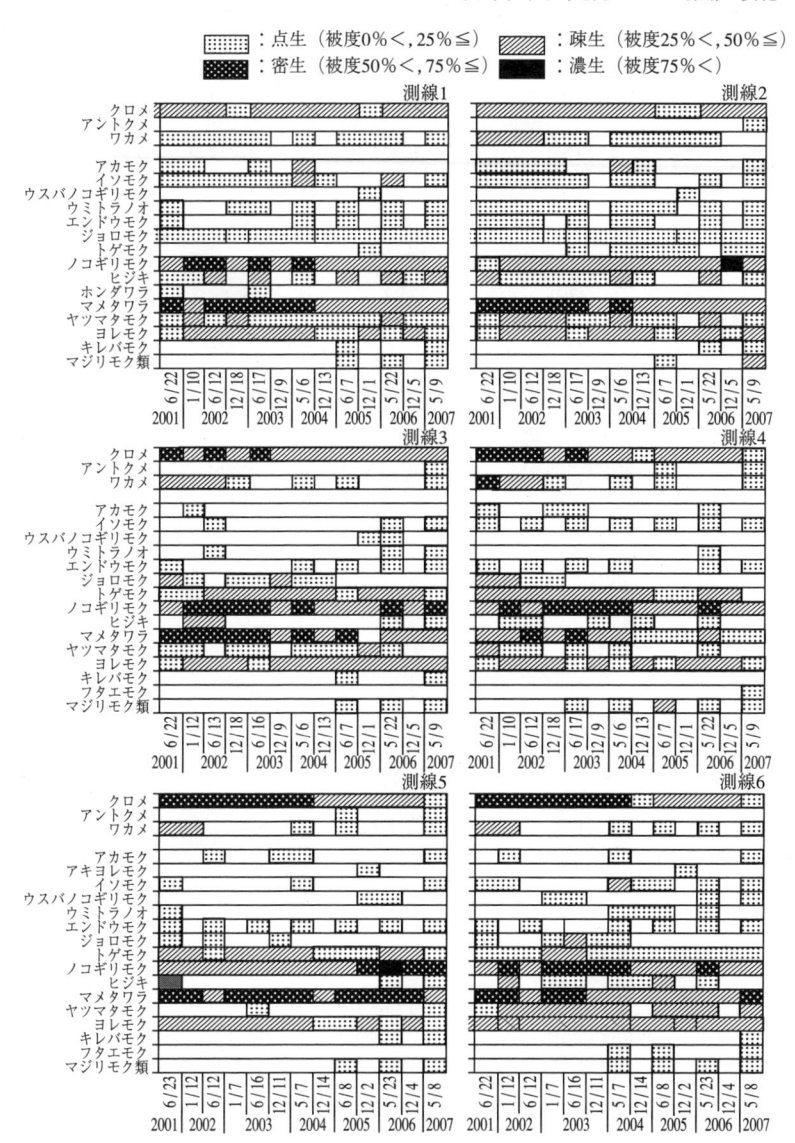

5.2 長崎市野母崎地先のクロメ藻場の変化　101

図5・6　樺島（測線1〜4）と野母地区（測線5,6）における大型褐藻類の被度変化

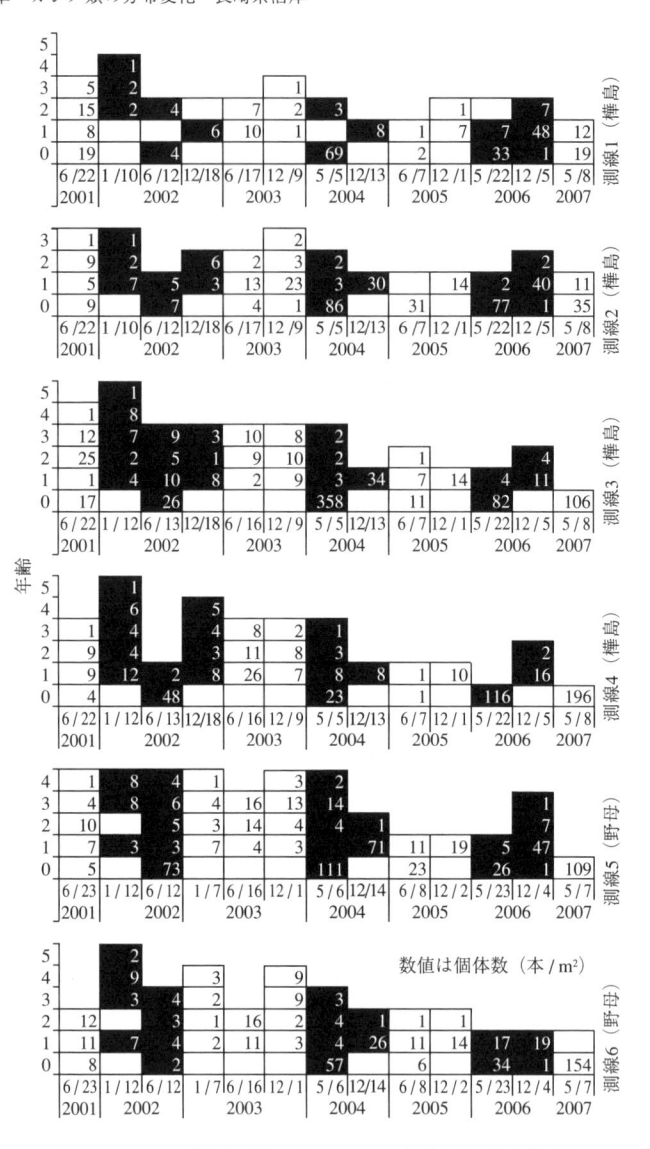

102　第5章　カジメ類の分布変化－長崎県沿岸－

図5・7　1×1m枠取り採取によるクロメの年齢および個体数変化

が新たにみられた．一方で，ホンダワラは測線1でのみ観察されていたが，2003年6月以降は確認されていない．また，ジョロモクは測線1以外で衰退傾向にあり，測線3から6では2004年以降，測線2では2006年5月以降確認されていない．

　クロメの年齢構成の変化は（図5・7），2001年6月には各測線に0齢から4齢の個体がみられ，生育個体数は平均35個体/$m^2$（23〜56個体/$m^2$）であった．2齢が主体で平均38%（32〜45%）を占め，次いで0齢が28%（17〜40%），1齢が23%（2〜39%）でその他が3齢と4齢であった．また，魚類による食害はクロメやホンダワラ類には観察されなかった．翌年2002年1月には1齢から5齢の個体がみられ，生育個体数は17個体/$m^2$（5〜21個体/$m^2$）へと減少し，1齢が最も多く，平均30%（0〜70%）を占め，次いで4齢が27%（0〜43%），3齢が26%（10〜42%）で，その他は2齢と5齢となった．しかし，魚類の食害が顕著で，2齢以上の大型個体には側葉が欠損するものや，茎のみとなったものが多く，健全な個体は水深1〜2mの浅所に残存する傾向がみられた．これらの葉状部欠損個体にはイスズミ類，ブダイ，アイゴの摂食痕が多数観察された．また，マメタワラ，ヤツマタモク，ジョロモクなど多くのホンダワラ類では主枝の欠損や一様に刈り揃えられたようにな藻体がみられたが，ノコギリモク，ヨレモク，トゲモクでは目立った欠損はみられなかった（図5・8）．2002年6月では，1月に顕著な葉状部の欠損が観察されたクロメ個体のほとんどは回復することなく消失し，生育個体数は37個体/$m^2$（8〜91個体/$m^2$）であったが，0齢が59%（15

図5・8　野母地先におけるホンダワラ類の生育状況
A：主枝が欠損して短くかったマメタワラ，ヤツマタモクなど（矢印）と目立った異常がみられないノコギリモク，クロメ幼体，B：調査漁場で採取した主枝が欠損して短くなったマメタタワラ．

〜96％）で最も多く，次いで1齢が17％（3〜42％），2齢が15％（0〜50％），その他は3齢と4齢で，0齢から2齢個体が主体の群落となった．しかし，この時点で,残存していたクロメやホンダワラ類には魚類の食害は観察されなかった．2002年12月と翌年の2003年1月には，1齢が52％（25〜100％）を占め，次いで2齢が20％（0〜67％），3齢が16％（0〜27％），それ以外は4齢で，生育個体数は12個体/$m^2$（6〜20個体/$m^2$）に減少した．魚類の食害は軽微で，6月に観察された群落は残存し，年齢構成もほぼ維持された．しかし，ホンダワラ類は昨年と同様にマメタワラやヤツマタモクなどの多くの種で主枝の欠損がみられたが，ノコギリモクやヨレモク，トゲモク，ウスバノコギリモクなどには主枝の欠損はみられなかった．以上のことから当海域では，魚類の食害が大型褐藻群落の消長に大きく影響し，クロメ群落は12月と1月には食害されて衰退し，5月と6月には食害がなく回復することがわかった．

　クロメ群落は，このような衰退と回復を繰り返し，2004年5月までは0〜4齢個体の群落が維持され，2004年5月には，これまでで最も多い新規個体の加入がみられ,それは全体の87％（66〜98％）を占め,生育個体数は127個体/$m^2$（35〜365個体/$m^2$）へと増加した．ところが，2004年12月には2001年以降最も顕著な魚類の食害が発生し，いずれの調査測線でも2齢以上の大型個体のほとんどは茎や付着器のみとなった．ほぼ1齢のみが残存し全体の99％を占め，生育個体数は30個体/$m^2$（8〜72個体/$m^2$）となった．その後，魚類の食害は継続して発生し，クロメ群落は0齢の加入と大型個体の減少を繰り返し，2006年5月には0齢と1齢個体のみとなったが，0齢の加入が多く，88％（67〜100％）を占め，67個体/$m^2$（31〜116個体/$m^2$）に増加した．2006年12月には，35個体/$m^2$（15〜56個体/$m^2$）になり，1齢が87％（73〜95％）を占め，次いで2年齢が11％（0〜27％）となり，最高齢の3齢は1個体のみとなった．しかし，2007年5月には，大型個体が消失し，再び0齢と1齢のみとなり，0齢の加入が多く，全体の90％（61〜100％）を占め，107個体/$m^2$（31〜196個体/$m^2$）と2004年に次いで多かった．

　2001〜2007年の結果から，クロメ群落は，アイゴ，イスズミ類，ブダイの食害が継続的に起こることにより衰退することがわかり，特に2004年の顕著な食害の発生は大きな打撃であった．食害によるクロメ群落個体の低年齢化は今後,

種の供給不足となることや，魚類の食害の継続や増大などを考え合わせると，クロメ群落の維持や回復はますます厳しくなるものと考えられる．

　今回の調査から，魚類による食害はクロメのみならず，ホンダワラ類にも及んだが，食害されない種もあり，摂食選択性ともみられる現象も観察された．クロメを基準に食害されやすい種は，マメタワラ，ヤツマタモク，アカモク，ジョロモク，イソモク，ヒジキ，ウミトラノオなどで，食害を受けにくい種は，ノコギリモク，ヨレモク，トゲモク，ウスバノコギリモクなどであった．このことは，アイゴ，ノトイスズミ，ブダイの水槽内実験でも同様に観察されている．

　しかし，調査海域には多様なホンダワラ類が生育し，これらは食害されながらも現存量が維持されているため，クロメ群落が受ける食害が軽減され，クロメ群落は次第に衰退しながらも消失することなく維持されてきたものと考えられる．このように，クロメ群落に対する魚類の食害は，周辺域に分布するホンダワラ類の種や現存量と関係している．しかし，今後，マメタワラなどの多くのホンダワラ類が衰退して多様性が失われれば，クロメ群落の衰退も加速され，短期間に消失することも予測される．したがって，クロメを維持，回復させるためには，クロメの直接的な増殖を図るだけではなく，魚類の摂食選択性を考慮した多様なホンダワラ類の増殖，拡大がクロメ群落の維持や増大につながるものと考えられる．

　また，調査漁場のクロメ群落の衰退原因は，魚類の食害のほかに，高水温の影響が考えられた．2003年と2004年の12月にクロメの大型個体の多くが，全体が黒変し，枯死したようになっているのが観察された．これらの個体には付着物が多く，この時期に通常みられる新葉の形成もなく，側葉や中央葉の先端が流出して短くなり，仮根の固着力が弱く容易に脱落するなどの特徴がみられた．2003年の水温は8月下旬から9月上旬に1日の最高水温が28〜30℃に上昇し，2004年にも同様に8月上旬には28℃以上となり，中，下旬には29℃前後，平均水温は8月中，下旬に28〜29℃であった（図5・9）．クロメの生育上限水温が28℃とされていることを考慮すると，このような28℃以上30℃に達する高水温が継続する状況はクロメの生理的障害を引き起こさせた原因と考えられる．

　このほかに，魚類の食害時期すなわち9月から翌年1月の水温が関連するものと推察される．食害発生が顕著であった2001年と2004年の水温は，2001〜

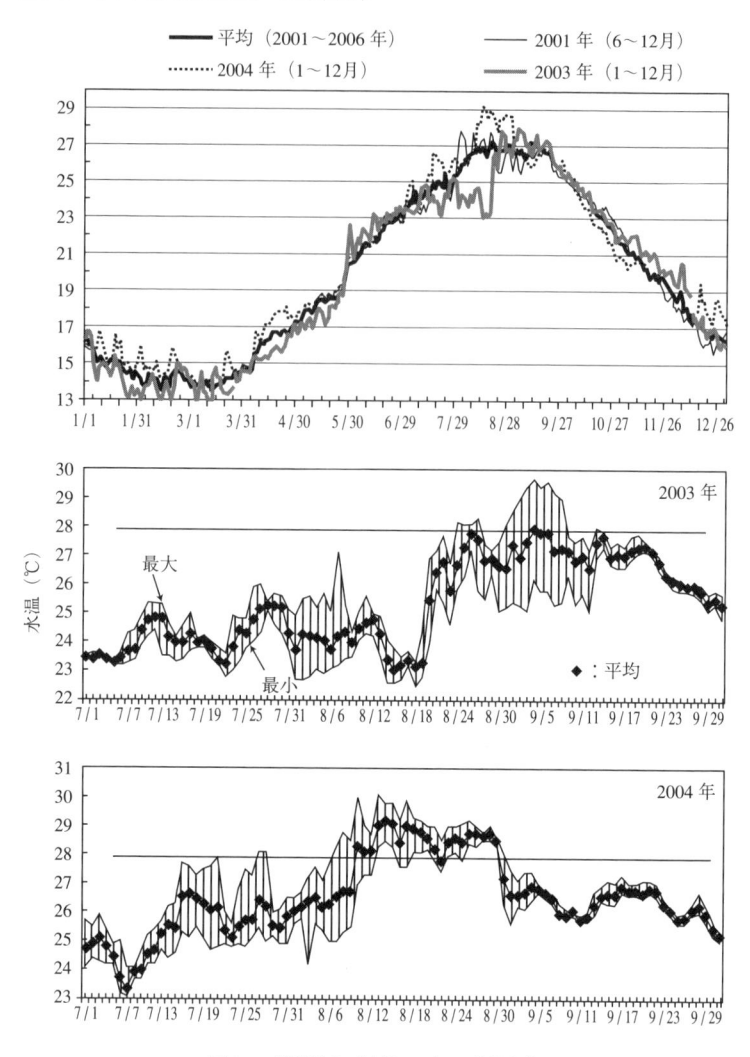

図5・9 樺島地先（水深5 m）の水温変化

2005年の平均水温と比べると2001年は，9月上，中旬や10月下旬から11月上旬には約1℃高かった．2004年は，12月中旬から翌年1月中旬には1, 2℃高く，19.5〜17.0℃で水温低下が最も遅い年であった．この水温はアイゴやノトイスズミ，ブダイにとっては摂食活動が十分にできる温度範囲にある（木村,

1994；吉村・清本，2003；山口ら，2006）．以上のように夏期の高水温や秋から冬にかけて水温低下が遅れることは，直接または間接的にクロメ群落を衰退させる要因となる．

## 5.3 壱岐市郷ノ浦町地先のアラメ，カジメ藻場の変化

壱岐市は玄海灘に浮かぶ南北約 17 km，東西約 15 km の島で，対馬と福岡県の中間に位置する．郷ノ浦町は壱岐島の南西に位置し（図 5・1），大島，長島，原島などの属島からなる．1993 年に長崎県水産部が行った調査では「磯焼け」は認められなかった．しかし，1998 年秋から冬にはアラメ，カジメ類の葉状部欠損現象が壱岐島の各地に認められ，郷ノ浦町地先で最も顕著であった．その後，同地先の多くでは回復せず，有節サンゴモ類主体の「磯焼け」地帯となった．このため郷ノ浦町では 1999 年から藻場回復事業に取り組み，アラメ，カジメ類の種苗移植やホンダワラ類の母藻投入に加え，自然着生させた海藻礁の移設や魚類の食害対策として防護網を設置した海藻礁の設置，入り江の網仕切りなどが行われた．その結果，防護網内に移植したアラメ種苗は残存し生長，成熟して核藻場となり，周辺に幼体が着生して 1 年以上残存するようになった（鈴木ら，2006, 2007）．また，2007 年には漁業者からアラメ，カジメ類の回復情報が寄せられるようになり，郷ノ浦町地先では 1998 年のアラメ，カジメ類の衰退後，9 年を経て回復傾向を示した．

### 5.3.1 1998 年秋から冬のアラメ，カジメの葉状部欠損現象

1998 年秋から冬に長崎市野母崎町地先でクロメ葉状部欠損現象が観察された．そこで県内全沿岸域におけるこの現象の発生状況を調査した．そのうち壱岐地域の実態把握のため，地元壱岐水産業普及指導センター，壱岐市アワビ種苗センターなどへの聞き取りによる情報収集を行なった．また，この現象が顕著に認められた郷ノ浦町地先の大島北岸の飛瀬と穴瀬周辺では（図 5・10），1999 年 1 月 25 日に SCUBA 潜水により葉状部欠損個体を採取し，藻体に残された痕跡から摂食魚種を特定した（桐山ら，1999a）．壱岐島の各地で葉状部欠損個体がみられ，壱岐島南西岸の郷ノ浦町地先で最も多く，南岸から南東岸の初山地区を除

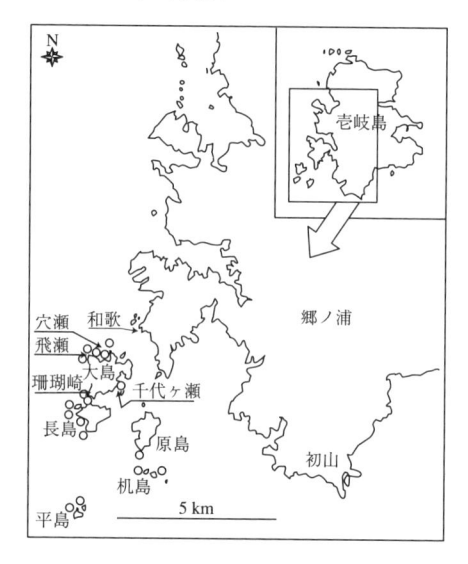

108  第5章 カジメ類の分布変化－長崎県沿岸－

図5・10　郷ノ浦町地先の調査位置図
　　　　○：潜水調査場所

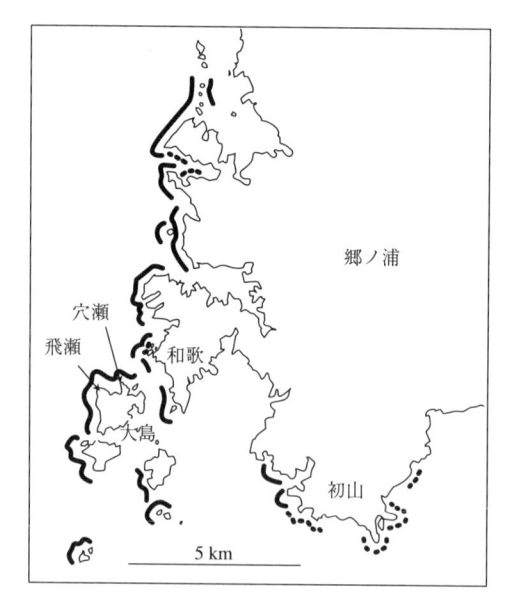

図5・11　アラメ，カジメ類の葉状部欠損現象の発生状況
　　実線：本現象の発生場所，点線：本現象の発生がほとんどない場所．

きほぼ全域で認められ（図5・11），中でも南西岸の大島北岸で顕著であった．しかし，初山地区では被害が軽微で正常な個体が多く残存した．この地区には，ホンダワ類群落が豊富にあり，アラメ，カジメ類はこれと混生していた．

　被害が顕著であった大島北岸の飛瀬地区では，全てのアラメ個体の葉状部の欠損があり，健全な個体は認められなかった（図5・12）．側葉がわずかに残った個体と茎のみとなった個体の割合は，それぞれ60％，40％で，側葉がわずかに残った個体は水深0～2 mの浅所に多くあり，茎のみの個体は2～4 mのやや深所に多い傾向があった．葉状部欠損個体は，退色や枯死などの生理的な異常は認められず，弧状などの特徴的な痕跡が観察され，その形状からアイゴ，イスズミ類の摂食痕であることが判定された．当該海域周辺の水深0～10 mにはノ

図5・12　葉状部が欠損したアラメ
A：穴瀬地区でみられたアラメの葉状部欠損現象，B：調査漁場で採取した葉状部が欠損したアラメ．

コギリモクが，1~2mの浅所にはトゲモクとヨレモクが疎らにみられたが，いずれの個体も主枝の欠損は観察されなかった．

大島北岸の穴瀬地区では，水深0~4mにアラメが，4~12mにカジメが生育し，いずれの個体にも葉状部に欠損が認められ，健全な個体は認められなかった．茎のみとなった個体は全体の約70%を占め，飛瀬地区に比べて被害が大きく，また，ここでは水深による欠損状況に違いは見られなかった．ここでも欠損要因はアイゴとイスズミ類によるもの判定された．ホンダワラ類の生育は水深0~14mにノコギリモクが，1~2mにトゲモク，ヨレモクがみられたが，これら個体には主枝の欠損は認められなかった．

郷ノ浦町和歌地区のアラメとホンダワラ類の混生藻場は，ノコギリモクが主体で，次いでヨレモクやマメタワラが多く，その他にトゲモクやヤツマタモク，イソモク，ヒジキが生育する（郷ノ浦町，1999）．アラメは水深0.5~5.5mに疎生分布していたが，水深0~4mの個体はいずれも健全であった．しかし，それ以深の個体は茎のみとなり，イスズミ類の摂食によるものと判定された．主に2m以浅のマメタワラには，主枝に欠損が認められ，藻体は一様に刈り揃えられたようになっていた．しかし，ノコギリモクやヨレモク，トゲモクにそれは観察されなかった．一方，同地区の水深約5mに造成した投石漁場（1996，1997年度設置）では，1996年造成区域のアラメ，ヨレモク，ノコギリモクには，欠損は見られなかった．

このように郷ノ浦町地先のアラメ，カジメ葉状部の欠損は，野母崎町地先と同様に，地先や水深，ホンダワラ類の種の違いによって欠損状況に違いがみられた．これらの欠損はその形状からアイゴやイスズミ類の摂食によるものであった．

### 5.3.2 葉状部欠損現象発生1年後の観察結果

大島南西岸の珊瑚崎周辺では，1999年6月には多くのアラメは消失したが，残存個体からは新葉が伸張し，幼体の加入もあり，アラメ群落の回復が期待された．同所的に生育するホンダワラ類は，ノコギリモクが2000年1月には疎らにみられ，群落は維持されていた．しかし，同年3月に至って，アラメやノコギリモクは全て消失し有節サンゴモ主体の海域となった．

一方，和歌地区では，1999年6月にはアラメやノコギリモクの群落が維持さ

れており，浅所のアラメ個体では，葉状部の欠損は軽微であった．また，自然石による造成漁場（1997年造成区域）には，1999年5月にヨレモク，ヤツマタモクの母藻投入による種の供給と6月にアラメ幼体の移植が行われた結果，同年8月には，ホンダワラ類の幼体の着生や移植アラメの残存が認められ，その状況は翌年2000年3月でも維持されていた．したがって，和歌地先では魚類の食害の影響はほとんど観察されず，衰退した藻場は回復傾向にあるものとみなされた．また，郷ノ浦町南岸の初山地区では，2000年の1，2月は，前年と同様に，ガラモ場が維持されてり，ノコギリモク，オオバモクなどと混生するアラメやクロメには葉状部の欠損も観察されなかった．

郷ノ浦町地先では，1998年の葉状部の欠損現象の発生1年後には，ほとんど地先でアラメ，カジメ群落は消失し，サンゴモ類主体の「磯焼け」海域へと変化したが，一部和歌，初山地区では回復傾向にあった．

### 5.3.3 葉状部欠損現象発生2，4年後の観察結果

大島南西岸の珊瑚崎地区では，アラメの消失2年後の2000年9月には，ホンダワラ類の幼体がわずかに確認され，2001年7月にはアミジグサ，フクリンアミジ，ウミウチワ，シマオギなどの小型褐藻類が増加し，ホンダワラ類としてはノコギリモクが疎らにみられた．

大島北岸の穴瀬地区では，葉状部欠損現象発生4年後の2002年2月には，ごく一部海域にアミジグサ類の入植が確認され，4月には，フクロノリ，アミジグサ，シマオギなどの小型褐藻類の群落の増加がみられ，ノコギリモク幼体が点生また疎生した．その後12月には，前記小型褐藻類やノコギリモクに加えて，アラメ類の幼体も極少数個体であるが確認された．この穴瀬地区では，2002年3月に海藻礁を設置し，それにアラメ幼体とヤツマタモク，フシスジモク，ヨレモク，ノコギリモクなどが移植されたが，移植1ヶ月後の4月には，イスズミ類の食害によってアラメ幼体は個体数が減少し藻体長2cm程になり，海藻礁上に藻体長1〜2mの密生していたホンダワラ類群落は，ノコギリモク以外のほとんどは主枝の欠損により藻体長数cm〜10cmとなった．移植9ヶ月後の12月には，海藻礁上のアラメ，ホンダワラ類はほぼ消失し，ノコギリモクとヤツマタモクの付着器のみとなった．

大島東岸の千代ヶ瀬地区と南西岸の珊瑚崎東側には，穴瀬地区と同時期に海藻礁が設置されたが，両地区とも移植1ヶ月の2002年4月には，魚類の食害はほとんどみられず，アラメやホンダワラ類群落はともに維持された．しかし，移植9ヶ月後の12月には，いずれの地区でもアラメ，ホンダワラ類はほとんど消失した．珊瑚崎東側にはアラメ幼体とノコギリモク，ヤツマタモク，フシスジモクが，千代が瀬地区にはノコギリモクがごくわずかに残存するのが認められた．

以上の結果，大島周辺海域では，アラメ，カジメの消失後，場所によって回復傾向が異なった．それは魚類の食害状況が大きく影響しているとみなされる．

### 5.3.4 葉状部欠損現象発生5，6年後の観察結果

大島南西の珊瑚崎南西側では，2002年と2003年にアラメの遊走子の供給源となる核藻場造成が行われ，また，魚類の食害対策として防護網を装着した海藻礁が設置された．2003年には移植されたアラメは順調に生育したが，防護網の破損によって葉状部の食害がみられた．防護網のない対照区の海藻礁では移植されたアラメは，8月から魚類の摂食痕が多数観察され，11月には全ての個体が消失した（鈴木ら，2006）．しかし，防護網内のアラメは順調に生育し，移植1年後の2004年11月には子嚢斑が形成され，2005年7月には核藻場周辺にアラメ幼体が多数認められると同時に，ノコギリモクやヨレモクとともに，暖海性のウスバモク，キレバモク，マジリモク類などが確認された（鈴木ら，2006）．2006年7月には，防護網内のアラメの生育量は網の破損が大きいほど生育数は少なく，葉状部欠損個体が多かった．核藻場周辺の幼体は，茎の先端が二叉分枝した大型個体への生長がみられた．これら藻体にも魚類の摂食痕は観察されたが，軽微であった（鈴木ら，2007）．このように大島南西の珊瑚崎沿岸では，継続的な魚類の食害がみられたが，防護網の周辺に着生したアラメ幼体は1齢まで残存し，周辺にはノコギリモクの成体や暖海性ホンダワラ類が生育し，アラメやホンダワラ類群落は2004年頃から回復傾向にある．

2007年には，漁業者からも郷ノ浦町管内の各地先では，アラメ場回復傾向の情報が寄せられている．そこで，2007年7月から9月にかけて，大島北岸の飛瀬から穴瀬，大島南西岸の珊瑚崎周辺，大島南西から南東に位置する長島西岸，平島北から北西岸，原島南西岸，机島北西および東岸でSCUBA潜水で海藻の

分布を調査した（図5·10）．

大島北岸の穴瀬から飛瀬には，浅所から水深20m前後までカジメやクロメが分布していた（表5·2）．幼体から側葉の発達した大型個体まで点在または疎らに分布し，主にカジメが多く生育していた．しかし，これらのカジメは，古い上部の側葉の先端付近にのみ皺がみられ，クロメとの中間型を示すものであった．ホンダワラ類ではノコギリモクが疎らに生育し，ウスバノコギリモクやキレバモク，ツクシモクがごくまれに認められた．なお，今回初めて暖海性ホンダワラ類が当地区で認められた．ノコギリモク，ウスバノコギリモクの主枝に欠損は認められなかったが，キレバモク，マジリモク類の主枝や葉先に欠損がみられ，藻体長10〜20cmと短かった．

表5·2　郷ノ浦町大島周辺で2007年7〜9月に見られた大型褐藻類の出現状況

|  | 大島北岸 | 大島南西岸 | 長島西岸 | 平島北岸 | 平島北西岸 | 原島南西岸 | 机島北西岸 | 机島東岸 |
|---|---|---|---|---|---|---|---|---|
| アラメ |  | △ | △ | ○ | ○ | ○ | ○ | ○ |
| カジメ | ○ | ○ | ○ |  |  | ○ |  | ○ |
| クロメ | ○ | ○ | ○ | ○ | △ | ○ | ○ | ○ |
| ノコギリモク | ○ | ○ | ○ | ● | ● | ○ | ○ | △ |
| ウスバノコギリモク | △ | △ |  |  |  |  |  |  |
| エンドウモク |  |  |  | △ |  |  |  |  |
| キレバモク | △ | △ |  |  |  |  |  |  |
| ツクシモク | △ | △ |  |  |  |  |  |  |
| フタエモク |  | △ |  |  |  |  |  |  |
| ウスバモク |  | △ |  |  |  |  |  |  |

△：極点生，○：点生〜疎生，●：密生

穴瀬地区では今回の調査から，2003年頃から回復傾向にあったと推察された．しかし，母藻群落は大島北岸一帯では消失したものと考えられ，最も近い和歌地区は穴瀬や飛瀬からは1〜2kmも離れているため，これらからの遊走子の供給の可能性が低いと考えられる．さらに，和歌地区にはアラメの生育はみられるがカジメはごく少ない．しかし，穴瀬から飛瀬で観察されたのはカジメとクロメであり，アラメではなかった．そこで，1999年1月の調査結果を精査してみたところ，観察は水深約12mまで行われ，20m前後の深所について不明であっ

た.このことから,水深20m前後の深所で魚類の食害を免れたカジメやクロメ群落からの遊走子供給によるものと推察された.

大島南西岸,長島西岸,平島北～北西岸,原島南西岸,机島北西および東岸でも,大島北岸と同様に,浅所から水深20mを越える深所まで,アラメ,カジメ類の分布が観察されている.

これらの海域では浅所にはアラメが,深所の水深20m前後にはカジメやクロメがみられる.また,ホンダワラ類のノコギリモクはいずれの海域にもみられ,ウスバノコギリモク,エンドウモク,およびキレバモクなどの暖海性種も生育している(表5・2).したがって,アラメ,カジメ類群落の回復は魚類の食害を免れた極浅所または深所の群落からの遊走子供給によるものと推察される.

磯焼け状態からのアラメ,カジメ群落回復過程については,いずれの海域でも共通して以下のような順で進むことがみられている.①有節サンゴモ主体の群落(磯焼け状態),②アミジグサなどの小型褐藻類の入植と群落の形成,③ホンダワラ類の入植と群落の形成,④アラメ,カジメ,クロメの入植と群落の形成.

この回復過程は穴瀬地区で4年以上を要した.また,過程や順序は,小型褐藻類とホンダワラ類の入植は同時進行する場合もある.このほかノコギリモクはいずれの海域でも生育し,魚類の食害を受けにくいため,アラメ,カジメ類群落が回復する上で食害防護機能をもつなど重要な役割を担っているとも考えられた.また,ウスバノコギリモクやエンドウモク,暖海性ホンダワラ類も魚類の食害対策に有効な種と考えられた.

アラメ,カジメ類群落の回復や維持,拡大には,従来のようにアラメ,カジメ類だけを増やすのではなく,回復順序に基づいた小型海藻やノコギリモクを合わせて増やすことが必要ではないかと考えられる.魚類の食害に対する有効な手法がない現状では,魚類の摂食選択性の利用や海藻類の生活環や生態的特性を考慮し,ホンダワラ類などの他の種を含めた新たな手法の開発が必要となると考えられる.

(桐山隆哉)

## 引用文献

千原光雄(1999):学研生物図鑑海藻,伊東年一編,(株)学習研究社 pp.172-173.

郷ノ浦町（1999）：平成10年度アワビ漁場調査．
木村　創（1994）：平成6年度南西海ブロック藻類研究会誌，43-47．
桐山隆哉・藤井明彦・吉村　拓・清本節夫・四井敏雄（1999a）：水産増殖，47，319-323．
桐山隆哉・藤井明彦・四井敏雄（2002）：水産増殖，50，295-300．
桐山隆哉・光永直樹・安元　進・藤井明彦・四井敏雄（1999b）：長崎水試研報，25，27-30．
桐山隆哉・永谷　浩・藤井明彦（2000）：長崎水試研報，26，17-22．
桐山隆哉・藤井明彦（2005）：藻食性魚類の大型褐藻類に対する食害の実態解明総括報告書（静岡県，大分県長崎県，西海区水研），1-30．
桐山隆哉・宮崎隆徳・金子仁志・藤井明彦・松田正彦・森　洋治（1999c）：平成10年度長崎水試事報，56-62．
桐山隆哉，野田幹雄，藤井明彦（2001）：水産増殖，49，431-438．
気象庁（1999）：異常気象レポート'99（総論），気象庁編，大蔵省印刷局，pp.14-18．
清本節夫・吉村　拓・新井章吾・桐山隆哉・藤井明彦・四井敏雄（2000）：西水研研報，78，57-65．
長崎海洋気象台（1955～2005）：西日本海況旬報，253-2088．
西川　博・吉田範秋・四井敏雄・楠田研造（1981）：九州西岸海域藻場・干潟分布調査報告，西海区水産研究所，113-173．
瀬川宗吉・沢田武男・檜垣正浩・吉田忠生・香村正徳（1961a）：九大農学芸雑誌，18，411-417．
瀬川宗吉・吉田忠生（1961b）：天草臨海実験所近海の生物相 第3集海藻類，九州大学理学部付属天草臨海実験所，1-24．
鈴木裕明・川端三彦・今泉幸男・坪田晃誠・松尾照久・末永丈右・山仲洋紀（2006）：平成18年度日本水産工学会学術講演会論文集，39-42．
鈴木裕明・川端三彦・内田佳孝・末吉充拡・坪田晃誠・松尾照久・末永丈右・山仲洋紀（2007）：平成19年度日本水産工学会学術講演会論文集，77-80．
山口敦子・井上慶一・古満啓介・桐山隆哉・吉村　拓・小井土隆・中田英昭（2006）：日水試，72，1046-1056．
吉村　拓・桐山隆哉・清本節夫（2006）：海藻を食べる魚たち（藤田大介・野田幹雄・桑原久実編），成山堂書店，pp33-51．
吉村　拓・清本節夫（2003）：西海区水研ニュース，107，14-15．
四井敏雄（1999）：磯焼けの機構と藻場修復（谷口和也編），恒星社厚生閣，pp111-120．

# 第6章

## クロメの分布と藻場造成 －宮崎県沿岸－

### 6.1 宮崎県沿岸に生育するクロメ

#### 6.1.1 形　態

　宮崎県は日本の南西部，九州の東岸にあり，沖を流れる黒潮の影響を強く受けている．1971～2000年の，年間平均気温17.3℃，年間平均日照時間2,099時間は，ともに国内第3位の温暖な地域である．おおよそ北緯31度21分から北緯32度44分の間にある総延長約400 kmの海岸線は，県北部と南部では複雑に入り組んだ岩礁域，県中部ではほぼ南北にゆるやかな曲線を描く転石または砂浜海岸で構成される（図6・1）．

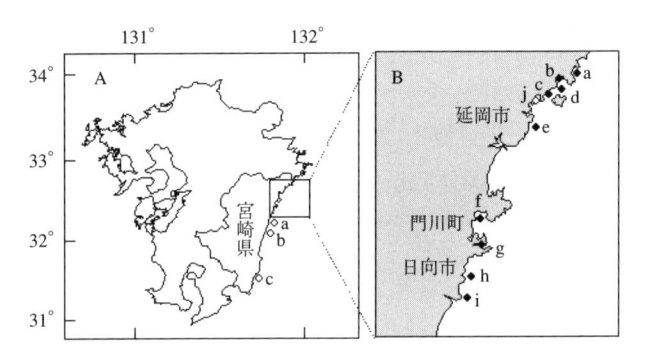

図6・1　宮崎県沿岸のクロメ分布
2007年時点でクロメの生育が認められる場所を●，認められない場所を○で示した．
A-a：都農町，-b：川南町，-c：日南市油津
B-a：延岡市北浦町直海，-b：市振蛭子島，-c：阿蘇港，-d：島浦島，-e：安井，-f：門川町，
　-g：日向市細島，-h：平岩港，-i：幸脇，-j：延岡市熊野江

　カジメ属のクロメ *Ecklonia kurome* は県北部の主に湾内の岩礁域や転石帯に生育する．宮崎県沿岸のクロメは生育地先によって形態に大きな変異が見られる．

門川町（図6·1B-f）や日向市細島（図6·1B-g）などの地先のものは，本種の形態的特徴の1つである葉状部の皺が幼体には多いが，成体には少ないのに対し，延岡市北浦町蛭子島（図6·1B-b）や日向市幸脇（図6·1B-i）の地先のものは成体にも多く認められる．茎状部の長さは，同じ地先でも長いもの，短いものなどあり，多様である．

　宮崎県沿岸には，かつてカジメ E. cava も生育していた（百合野ら，1979；月舘ら，1991；坂本・松本，1995a；寺脇・新井，2002など）が，現在では認められない．ただし，門川町や日向市細島の地先に生育し，現在クロメとして扱っているものには，葉状部に皺が全く見られない物も含まれており，検討の余地が残されている．

### 6.1.2　分　布

　宮崎県沿岸のクロメ藻場は衰退傾向にある．このため，分布の南限も北上している．70年以上前には県南部の日南市油津地先（図6·1A-c）でもクロメが採集されていた（岡村，1936）が，1976年の県沿岸全域の藻場分布調査では，この地先には認められず，県中部の都農町（図6·1A-a）から川南町（図6·1A-b）にかけて分布する総面積314haのクロメ藻場が南限とされた（百合野ら，1979）．しかし，この藻場も1986年頃に都農町地先から衰退し始め，1992年には消失した（坂本・松本，1995b）．2007年時点では日向市幸脇地先（図6·1B-i）が宮崎県沿岸のクロメの分布の南限で，これ以北の3市町，9地先（表6·1，図6·1B）に生育が認められている．

表6·1　2007年時点の宮崎県沿岸のクロメ E. kurome の生育地リスト

| 場所 | （図6·1B-） | 出典 |
| --- | --- | --- |
| 延岡市北浦町直海 | a | 未公表 |
| 北浦町市振蛭子島 | b | 荒武ら，2007a |
| 北浦町阿蘇港 | c | 未公表 |
| 島浦島 | d | 荒武ら，2007a |
| 安井港 | e | 未公表 |
| 門川町門川湾 | f | 荒武・福田，2004 |
| 日向市細島 | g | 荒武・福田，2004；荒武，2006 |
| 平岩港 | h | 未公表 |
| 幸脇 | i | 未公表 |

### 6.1.3 クロメ藻場の衰退原因

宮崎県沿岸の藻場衰退や磯焼け発生の原因としては，植食性動物の食圧の増大や濁度増大などによる光条件の悪化，漂砂，冬季の水温上昇などがあげられる（坂本・松本，1995b；林田，2002）が，厳密にはわからないことが多い．藻場衰退のそもそもの原因が，いつまでもその海域に残存しているとはかぎらず，藻場が衰退した後ではその原因を特定することが極めて困難だからである．そういう中で，県中部のクロメ藻場の消失事例は，その過程で魚類の採食が大きな影響を与えたことを観察できたという点で貴重なものである．当海域では，1988 年からクロメ藻場造成ブロック開発試験やクロメ群落の調査（成原ら，1990；成原・大木，1990；成原ら，1991，1992a，b）が継続的に行われた．クロメ藻場造成ブロック開発試験では，魚類や底生植食性動物の食害から移植クロメを保護する囲い網の効果を検証するため，クロメ種苗が移植されたブロック上面の半分を網で囲い，この網の内と外で移植クロメの生長や生残の比較が行われた．その結果，1989 年 2 月まではブロック上にも周辺の天然群落にも異常はなかったが，1990 年 7 月に網外の移植クロメの生残率の低下が認められた．この海域に当時多産したアワビが移植クロメを採食するのも観察されているが，網外の移植クロメの減少は，魚類による採食の影響によるものと指摘されている．その後も網外の移植クロメは減少し，1990 年 11 月には網外の移植クロメで，12 月以降には天然群落で，魚類の採食が原因と推察される葉状部欠損現象が観察された．この現象はそれ以降も続き，1991 年 1 月には網外の移植個体は全滅し，1992 年には数百 ha にも及ぶ藻場全体が消失した．

これは宮崎県沿岸のクロメ藻場衰退，消失の過程で魚類の過剰な採食が観察された最初の事例である．この後，クロメ藻場における魚類の過剰な採食と藻場の衰退は，門川町（清水・関屋，2000；荒武ら，2006；荒武・佐島，2007a）や延岡市熊野江の地先（清水，1998；清水ら 1999）でも観察されている．次に紹介する事例のように囲い網などで食害から保護されたクロメが良好に生育できることを考えると，宮崎県沿岸のクロメ藻場の衰退原因としては，魚類をはじめとする植食性動物による過剰な食圧が最も重要である可能性が高い．

### 6.1.4 クロメ藻場回復の制限要因

　藻場衰退要因とは異なり，藻場回復の制限要因は，藻場衰退域に存在し続けていると考えられる．県中部のクロメ藻場衰退要因調査（坂本・松本，1995b）では，冬季の水温上昇や光条件の悪化，漂砂などの物理的な藻場回復制限要因の存在が指摘されている．その一方で，クロメ藻場衰退域や，もともとクロメの生育していない海域でも，植食性動物の食圧を低下させれば，クロメは生育し，場合によっては再生産可能なことも知られている．例えば，県中部に設置されたクロメ藻場造成ブロックの網内では周辺群落の衰退が始まってからでも，クロメの良好な生育が認められたし（成原ら，1991，1992a），クロメの藻場分布の南限から約110km南方の串間市毛久保地先に設置した囲い網内の中に移植されたクロメは少なくとも1年以上生残した（未公表データ）．分布の南端から約70km南方の宮崎市小内海地先では，食害防止網付きクロメ藻場礁内の移植クロメが良好に生育し，秋季には子嚢斑を形成すること，春季には礁周辺へ幼体が加入することが観察されている（清水・日高，1998）．これらのことから，水温の上昇，光条件の悪化などの物理的な要因の存在だけではクロメ藻場の回復が制限されていることを十分に説明できない．宮崎市小内海では，網外に加入したクロメ幼体はやがて魚類の採食により消失する（未公表データ）こと，藻場の衰退域に移植したクロメは短期間の内にウニ類や魚類の採食を受けて消失すること（清水，1999；荒武，2004a）を考え併せると，宮崎県沿岸においてクロメ藻場の回復を制限している最重要要因は，植食性動物の高い食圧であると考えられる．

## 6.2　植食性動物の食圧低減条件の抽出と藻場造成への応用

　宮崎県沿岸のクロメ藻場は，1976年と比較すると，県中部にみられた大規模な藻場消失をはじめとし，県沿岸全体では衰退傾向にある．一方，良好な状態で残存している藻場や，一旦衰退した後，回復傾向にある藻場もある．上述のように，宮崎県沿岸の藻場の衰退を引き起こしたり，回復を制限したりしている要因のうち，最も重要なのは植食性動物の高い食圧と考えられるので，良好な残存藻場では植食性動物の食圧を制限する何らかの条件が備わっており，海

藻の生育や再生産とのバランスが良好に保たれていると考えられる．

これまでの宮崎県沿岸の残存藻場の観察で，食圧を低減する条件として，波浪流動，砂地の存在，下草の存在，相対的な水温の低さ，成体の生育の5つを見い出した．この項ではこれらの条件を抽出するに至った観察事例と，それぞれの条件の藻場造成への応用実施事例，人為的な再現と実証事例を述べる．

### 6.2.1 波浪流動

海には潮流や潮の干満，波浪などの水の動きがある．波浪による海底付近の水の流れ，底面流速は，一般に水深と反比例し，深所ほど小さい．波浪流動が植食性動物に与える影響は数多く知られている．ウニ類の採食は流速に影響されること（川俣，1994）が報告されているし，ウニ類は波浪が高い時期には流速の小さい沖側へ移動するという野外での観察事例（吾妻・川井，1997）は，水槽実験によっても再現，検証されている（桑原ら，1999）．植食性魚類の場合，回流水槽を用いたアイゴ *Siganus fuscescens* のアラメ *Eisenia bicyclis*，カジメの摂食実験で，流速が増すほど摂食量は低下し，アイゴの物理的な摂食限界の目安は 1.5 m/s であると報告されている（川俣・長谷川，2006）．

**延岡市熊野江地先の事例**：延岡市熊野江地先は，南東向きに開口する幅，奥行きともに約 1.4 km の比較的小さな湾である（図 6・1B-j, 6・2）．この湾の北西側の岩礁域に小規模なクロメ藻場があったが，それは 1996 年に魚類の採食により消失した（清水，1998, 1999）．その後の状況はよくわからないが，2003 年 2 月にクロメ幼体の加入と，少数の 2 齢個体の生育が認められたため，3 月に藻場回復状況が観察された（荒武，2004a）．その時のクロメ幼体の加入状況は水深や底質に関係なく，岸側と沖側とで異なっていた（図 6・2A）．すなわち，岸側の転石帯 a と暗礁 b にはクロメは殆ど認められなかったのに対し，沖側の転石帯 c や暗礁 d では幼体生育密度 14～36 個体/$m^2$, 被度 10～25% で沖側の方が多かった．この他，フクロノリ *Colpomenia sinuosa*，ウミウチワ *Padina arborescens* などの小型海藻の生育状況にも差異が認められ，岸側の転石帯 a ではほぼ無節サンゴモのみで，暗礁 b では上記小型海藻の被度は低く 0～25% であったのに対し，沖側の転石帯 c，暗礁 d では被度 20～60% と豊富であった．

互いにそれほど離れていない沖側と岸側でのクロメや小型海藻の生育状況の

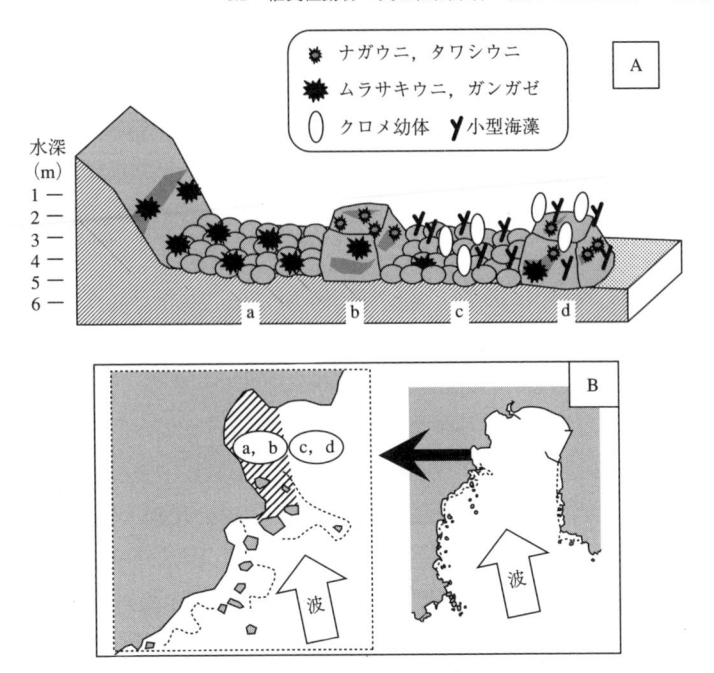

図6·2 延岡市熊野江地先の景観模式図
2003年3月27日の観察（荒武2004aを改変）
斜線部は，波浪流動の小さい静穏域を示す．

差異は，水深や光，水温，栄養塩類の差異によるものではなく，ウニ類の摂餌を制限する波浪流動の差異によるものと考えられた．当地先の波浪はほぼ南東方向からのものであるため，張り出す鼻や瀬礁の北側に位置する岸側の転石帯aと，暗礁bでは，沖側の転石帯cと暗礁dよりも波浪流動が小さかった（図6·2）．ウニ類の生息密度では，転石帯aのムラサキウニ Anthocidaris crassispina とガンガゼ Diadema setosum の合計5〜10個体/$m^2$ は，転石帯cの0〜1個体/$m^2$ よりも明らかに高かったものの，岩礁bと岩礁dではともに，ナガウニ属 Echinometra sp. とタワシウニ Echinostrephus aciculatus がそれぞれ5個体/$m^2$ 未満，ムラサキウニ，ガンガゼがそれぞれ1個体/$m^2$ 未満と差がなく，クロメや小型海藻の豊富さの差異に対応していなかった．一方，ウニ類の分布については，沖側の転石帯c，暗礁dでは全てのウニ類が転石の間隙や暗礁にある谷状構造や

穴などの中にいたのに対し，岸側の転石帯a，暗礁bではそれらの外にもいた．また，沖側の転石帯cや暗礁dでは，ウニ類が生息する穴などの内部は無節サンゴモが優占する貧海藻状態であるのに，その外にはクロメや小型海藻が繁茂していた．これらのことから，沖側では大きな波浪流動によりウニ類の分布や摂餌範囲が主に穴などの中に制限され，その外に生育するクロメや小型海藻はほとんど採食されていなかったと考えられた．

なお，当地先のクロメ藻場は，その後再び消失し，2007年時点で回復は認められない．近隣の門川町地先（図6・1B-f）では，2003年と2004年（荒武，2004a，2006a），さらに，2006年と2007年（荒武・佐島，2007a，未公表）にアイゴの過剰な採食によるクロメ藻場の消失が起こっている．当地先の藻場でも，これらの時期にアイゴの過剰な採食が起こったとするなら，当地先の波浪流動条件はアイゴの過剰な採食を制限する程のものではなかったと考えられる．

**波浪流動の応用**：宮崎県南部で行っているホンダワラ類を対象とした藻場造成の実証実験では，高さのある基盤を浅所に設置することで波浪流動を利用し，ウニ類の生息密度を低く保つことができた（荒武ら，2007a）．静岡県御前崎では，水深6～10 mの海底から水深2 m付近にまで立ち上がる波浪流動の強い暗礁の頂上部のサガラメ *Eisenia arborea* はアイゴに採食されにくかった（長谷川ら，2003）とされているので，高さのある基盤（図6・3）は，クロメ藻場の造成でも有効と考えられる．

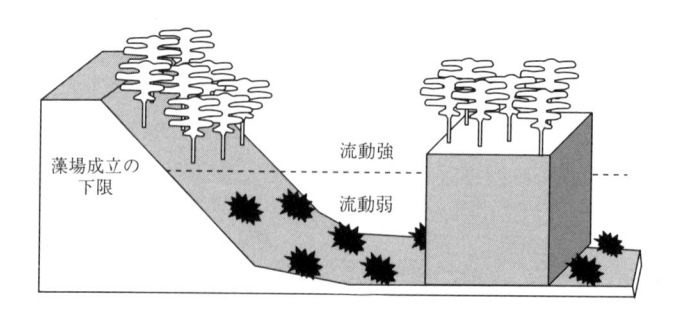

図6・3 高さのある基盤を用いた波浪流動の利用の例
藻場成立の下限以深では，ウニ類の食圧が藻場の成立を制限している．
高さのある基盤を整備することで，藻場成立が可能な流動条件が形成される．

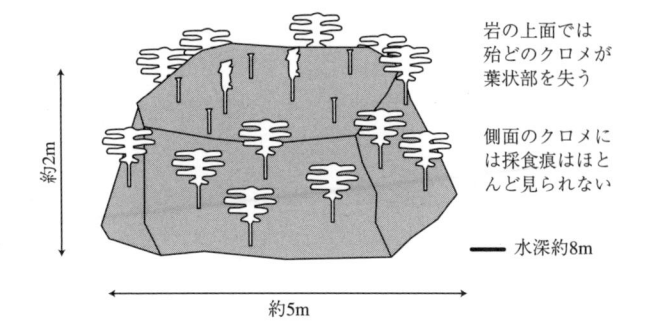

図6・4 門川地先で見られた岩の上面に集中した魚類の採食事例の模式図（2002年11月）

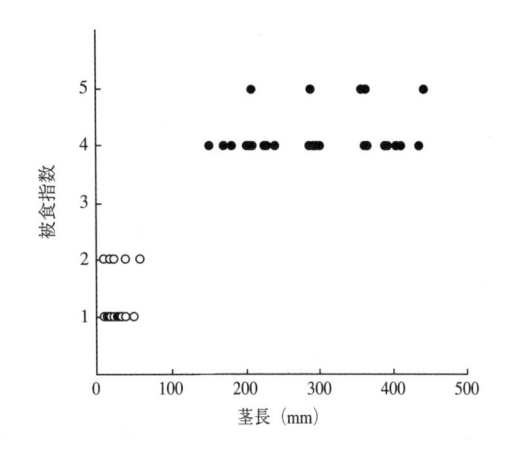

図6・5 クロメのサイズと被食の程度の関係
被食指数は被食の程度を示す1〜5までの指数で，値が大きいほど程度が高い．
（荒武，2006b を改変）

　ただし，基盤の高さが魚類の採食を促進する効果をもたらす可能性があるため，応用に際しては十分な検討が必要である．門川町地先のクロメ藻場（図6・1B-f）では，水深約8mの海底にある比高約2mの岩礁の上面のクロメが魚類に集中的に採食された事例がある（図6・4）．この事例では，岩礁上面の比高が水深に対してあまり高くないため，魚類の採食行動を制限する程の流動は形成されていなかった．景観的によく目立つ大型のクロメが周辺の小型個体よりも集中して魚類の採食を受けた観察事例（荒武，2006b；図6・5）もあることから，

十分な流動がない場所では，周辺よりも高い位置にある目立つクロメは魚類の採食を受けやすい可能性があるのだ．

### 6.2.2. 砂地の存在

ウニ類が高密度に生息し，無節サンゴモ以外の海藻の乏しい，いわゆるウニ平原から砂地を隔てて孤立する岩礁にクロメなどの大型海藻が生育する光景は，宮崎県内のいくつかの地先で見られる．ウニ類は，管足を基盤に吸着させながら移動するため，砂地や，基盤上に砂や泥が堆積する場所では移動が困難である．砂の粒径が細かいほど，また，流速が速いほどウニ類の移動や海藻への摂餌行動および量が低下することが確かめられている（山下ら，1999a,b）．したがって，砂地の存在はウニ類の移動や生息を物理的に制限する要因となる．一方，海中を泳ぎまわる魚類には砂地の存在はその行動に影響しないかも知れない．しかし，植食性魚類のアイゴや，ブダイ *Calotomus japonicus*，イスズミ類 *Kyphosus* 属の数種は，通常は岩礁域に生息しているので岩礁から砂地を隔てて離れる場は，これらの魚類から発見されにくく，進入や採食が制限される条件となるかもしれない．

**門川町地先の事例**：門川町地先（図6・1B-f）で行われたウニ類の這い上がりを防止するクロメ着生基盤開発の実験では，砂地の存在がウニ類の採食を制限することを示す結果となった．1999年8月に建材ブロックを2個連結し，縁にポリエステルブラシを取り付けた実験基盤をウニ平原と，そこから十数m離れた砂地に設置した（図6・6A）．実験開始後しばらくはブラシ構造がウニ類などの這い上がりをある程度制限したため，翌2000年春には全ての実験基盤上にクロメ幼体が加入したが，2001年12月にはブラシ上に無節サンゴモが着生し，ウニ類の這い上がり防止効果は失われた．この時，ウニ平原の実験基盤ではウニ類のクロメ採食が起こり，短期間にクロメは食べ尽くされたが，砂地の実験基盤にウニ類の到達はなく，クロメは良好に生育していた（図6・6B）．砂地の人工基盤と，ウニ平原の岩礁，転石帯の間にある約2m幅の砂地がウニ類の進入を制限したと考えられた．

**延岡市北浦町蛭子島地先の事例**：延岡市北浦町市振蛭子島地先（図6・1B-b）には，防波堤下部の敷石帯から約10m離れた砂泥底の水深約5m付近に投石が

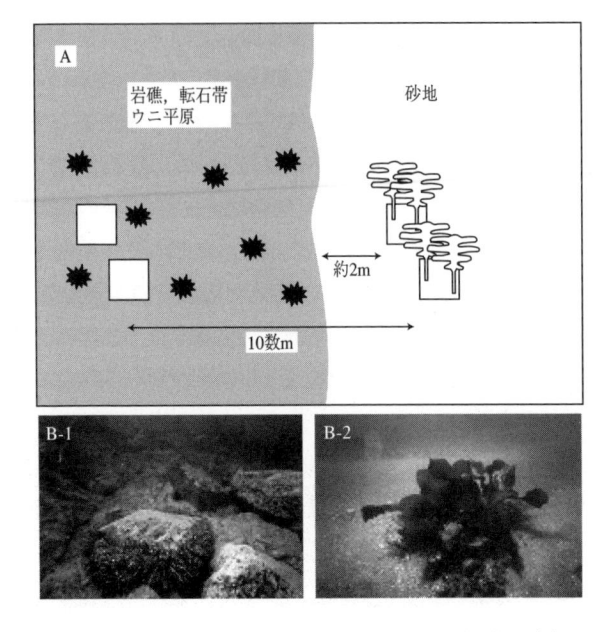

6.2 植食性動物の食圧低減条件の抽出と藻場造成への応用　125

図6・6　1999年8月に門川町地先に設置された実験基盤の配置模式図（A）と
2001年12月の状況（B）
B-1：ウニ平原に設置された実験基盤，B-2：砂地に設置された実験基盤．

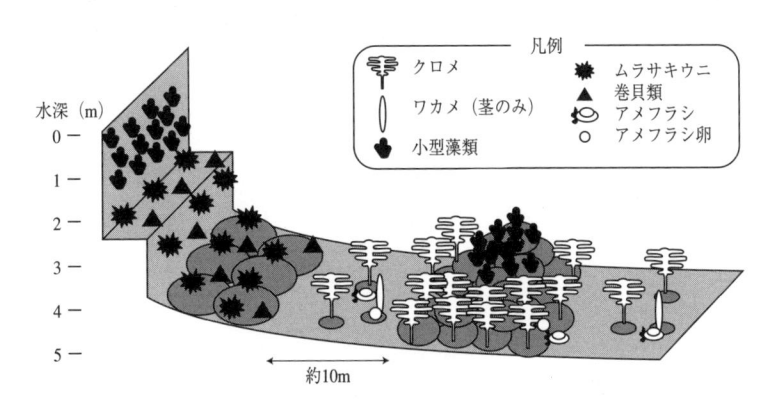

図6・7　延岡市北浦町市振蛭子島地先の海底景観模式図
2006年4月25日観察結果（荒武・佐島，2007aを改変）

なされている．防波堤の岸壁や敷石帯にはムラサキウニや植食性巻き貝類が高密度で生息しており，クロメは全く見られなかったが，投石上の水深約3.5〜5 mの範囲と，投石周辺に点在する礫にはウニ類はごく僅かにしか生息せず，クロメが繁茂していた（荒武・佐島，2007a；図6·7）．敷石帯の水深帯はクロメが繁茂する投石とほぼ同等なので，光や水温などのクロメの生育要件は備わっているはずで，高密度で生息するムラサキウニなどの底生植食性動物の高すぎる食圧によりクロメの生育が制限されていると考えるのが妥当だろう．ここでも，敷石帯にクロメが生育できない程高密度に生息するウニ類は，クロメが繁茂する投石との間にある約10 mの砂地によって移動が制限されていたのである．

**砂地の存在の応用**：砂地の存在を藻場造成に利用するには，上記の観察事例のように，砂地にクロメの着生基盤を整備する方法がある．実際，日向市細島地先（図6·1B-g）の砂地に設置された実験基盤には，当地先の浅所の岩礁域に高密度で生息するムラサキウニや，浅所から深所の岩礁域および砂地との境界付近に場所によっては高密度で生息するガンガゼの進入やそれらによるクロメの採食は起こらず，クロメは良好な状態で繁茂した（荒武，2007a）．

門川町地先（図6·1B-f）のクロメ藻場に隣接するムラサキウニなどのウニ類が高密度で生息し，ほぼ無節サンゴモしか生育していない転石帯において行っ

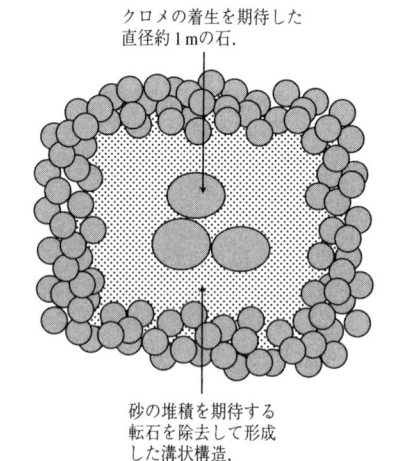

図6·8　門川町地先の転石帯で行った海底の改変実験
（荒武，2004aを改変）

た実験（荒武，2004a）は，海底の改変によっても砂地の効果を発現できる可能性を示唆するものである．この実験では，当地先のクロメの成熟期にあたる10月に，クロメの着生を期待する直径約1mの石3つを取り囲むように，幅0.5～1mで転石を除去して溝状の構造物を形成し，この溝状構造に自然に砂が堆積し，砂地の効果が得られることを期待したのである（図6·8）．果たして，実験を開始して約5ヶ月後の3月までの間，ウニ類の進入はほとんど見られず，当初クロメの着生を期待した3つの石のみならず，溝状構造内でも除去しきれなかった直径数cmの小礫までクロメ幼体が加入した．

### 6.2.3 下草の存在

マクサ *Gelidium elegans* やイバラノリ *Hypnea charoides* などのいわゆる下草は，ウニ類にとっては重要な餌となる．その一方でウニ類の移動を制限するものでもありそうだ．特にマクサなど，体のつくりが細いものでは，ウニ類が移動するときに頼りにする管足を十分に吸着させることができないし，たとえ吸着させたとしてもふわふわとした海藻の上では体を安定させることができない．

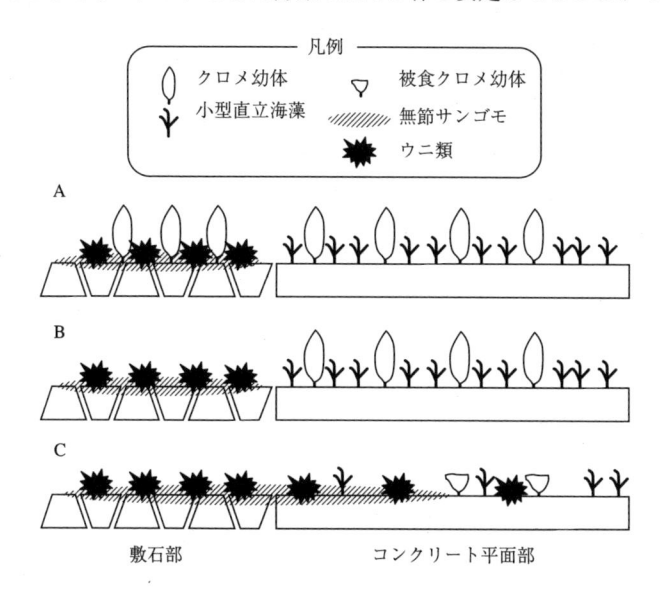

図6·9 延岡市北浦町阿蘇港内クロメ移植試験結果模式図
A：2001年5月，B：同年6月，C：同年10月の調査結果（荒武・福田，2004を改変）

下草が繁茂する場所では，ウニ類は短時間に長い距離を移動することはできないように思える．

**延岡市北浦町阿蘇港内での観察事例**：下草の存在がウニ類の移動を制限する可能性は，延岡市北浦町阿蘇港内で行ったクロメの移植実験（荒武・福田，2004）からうかがうことができる．この実験では，2001年5月にクロメ種糸をコンクリートブロックに巻き付けて，イバラノリなどの下草が繁茂し，下草帯が形成されているコンクリート平面部と，それに隣接するムラサキウニや植食性巻き貝類が高密度で生息し，無節サンゴモが優占する敷石部に設置された（図6·9A）．ブロックが設置されてから約1ヶ月後の6月には，敷石部に移植されたクロメはウニ類などの採食により既に全滅していたが，下草が繁茂するコンクリート平面部に移植されたクロメは全て良好に生育していた（図6·9B）．ここまでの結果では，そもそもクロメを移植した場所の底質が，複雑な空隙を有する敷石帯と，平坦なコンクリート平面部とで異なり，その違いがウニ類の生息しやすさに影響していると考えられるかもしれない．しかし，6月以降に当地先に大量に発生したアナアオサ *Ulva pertusa* が下草を覆って枯死，消失させた後の10月には，コンクリート平面部にもウニ類の進入が見られ，そこに移植されたクロメもウニ類に採食された（図6·9C）ことから，6月までコンクリート平面部のクロメが採食されなかったのは下草の存在がウニ類の進入や生息を制限していたためと考える方が妥当だろう．

**下草の存在の応用**：下草の存在がウニ類の進入や生息を制限する可能性は十分にあるものの,既に下草帯が形成されている場所で藻場造成を行うこと以外に，下草の存在の効果を応用するのは容易ではない．あえてあげるとすればクロメなどを移植する場所や周辺において下草の移植を併せて行う方法がある．しかし，クロメなどの藻場造成を行おうとする地先は，ウニ類などの高い食圧によって下草帯すら成立しない場所であることが多く，そもそも下草帯を形成すること自体が困難であろう．他にはクロメなどを移植する基盤にあらかじめ下草を繁茂させることなどが考えられるが，下草を人工的に生産して基盤に移植したり，下草が豊富な海域に基盤を仮置きして下草の繁茂を待ってから藻場造成目的地へ移設したりすることが必要で，これも容易ではないだろう．下草そのものを利用するのではなく，下草の効果を再現する人工海藻などを利用する方が現実

的なのかもしれない．

### 6.2.4 低水温

藻場に影響を与える植食動物であるウニ類や魚類は変温動物であるため水温の低下によって摂餌量は低下する．それのみならず，ウニ類では水温が低下すると移動や海藻の採食が可能な流速が低下することも示されており（桑原ら，1999），低水温環境では海藻に対する植食性動物の食圧が低く制限される．

**門川町地先の事例**：門川町地先（図6·1B-f）には，湾奥から湾口まで複数の

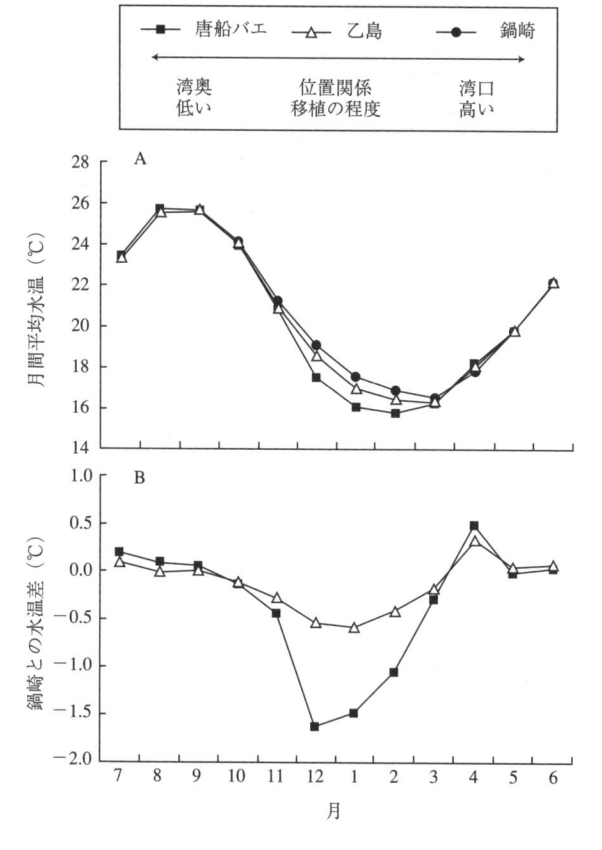

図6·10　門川町地先の水温
2001～2006年のデータを使用した．

クロメ藻場がある．この海域では毎年秋～冬にかけてアイゴによるクロメの採食が起こるが，クロメの被食の程度は湾口側で高く，湾奥側で低い傾向にある（荒武ら，2006）．この地先のクロメ藻場に影響を与えるのは，おそらくは湾外から来遊してくるアイゴの若魚の群れであると考えている．したがって，来遊してきたアイゴの群れが最初に到達する湾口側の藻場と，その後に到達する湾奥の藻場では到達するアイゴの数や，クロメを採食する時間の差があるかも知れず，その結果によって被食の程度の差が生じている可能性は否定できない．しかしながらそういう位置的な条件に加えて，低水温が関係している可能性も否定はできないだろう．当地先の湾口側の鍋崎，中間の乙島，湾奥の唐船バエの3ヶ所の藻場で2001年から1時間間隔で連続測定している水温データを用いて水温の比較を行った．月間平均水温は，3～11月までは3地点ともほぼ同等であったが，12月から翌年の2月まででは湾口側で高く，湾奥側で低い傾向が認められる（図6・10A）．特に12月と1月では湾口側の鍋崎と比較して，湾奥側では約1.5℃低い（図6・10B）．アイゴは，17.5℃以下では遊泳が極めて不活発になり，摂餌行動は全く見られなくなる（木村ら，2007）が，この水温条件となるのは，湾奥側では12月からであるのに対し湾口側では2月からである（図6・10A）．当地先のアイゴのクロメ採食は，毎年10月頃から始まる（荒武ら，2006）ようで，湾奥側ではアイゴが湾口側よりも遅れて到達する位置的な条件に加えて，アイゴが摂餌を停止する水温条件に至る時期が湾口側よりも早いのでクロメが採食される期間が短く，その結果として被食の程度が，湾口側よりも低くなるのであろう．

**低水温の応用**：低水温条件を沿岸域で再現するためには，海洋深層水を大量に，かつ継続的に汲み上げ，沿岸域に排出することなどが考えられるが，これは大がかりな設備や大きな費用を要し，藻場造成を目論む地先ごとに行うことは現実的には不可能である．このため，藻場造成への応用は，特に秋季以降の水温低下がより早く起こる場所を選定することなど，藻場造成適地選定の材料として使用することが現実的であろう．

余談になるかも知れないが，藻場が成立するような沿岸域では海水温は気温の影響を強く受けていると考えられることから，地球温暖化が進行して冬季の気温が上昇すれば，沿岸域の冬季の水温も上昇し，その結果，門川地先の湾奥

部でも冬季にもアイゴが十分に摂餌が可能になるかもしれない．温暖化の影響は，このような形でも藻場に影響する可能性がある．

### 6.2.5 成体の繁茂

宮崎県沿岸の残存藻場を調査するうちに気づいたことがある．それは，良好な藻場の中にはウニ類や植食性魚類は意外と少ない，ということだ．柔軟な体をもつ海藻が波にゆられる様子が，あたかもほうきで何かを掃き出しているように見えたり，鞭で打つように見えたりすることから，これを「掃き出し効果」や「鞭打ち効果」と呼び，植食性動物の進入や採食を制限する効果をもつことが指摘されている（Konar and Estes, 2003 など）．クロメの藻場においてもクロメが繁茂すること自体が植食性動物の進入や生息を制限している可能性がある．

**門川町地先の観察事例**：門川町地先（図6・1B-f）のクロメ藻場には隣接してムラサキウニなどのウニ類が高密度で生息し，無節サンゴモ以外の海藻が乏しいサンゴモ平原がある（図6・11）．このサンゴモ平原にクロメを移植した場合，短期間の内にウニ類に食べ尽くされてしまう（清水，1999；荒武，2004a）．すなわち，藻場が維持できないほどたくさんのウニ類が，良好な藻場のすぐ横に生息しているのだ．それなのに，藻場とサンゴモ平原の境界線は，年によって

図6・11 門川地先のクロメ藻場とウニ平原の境界

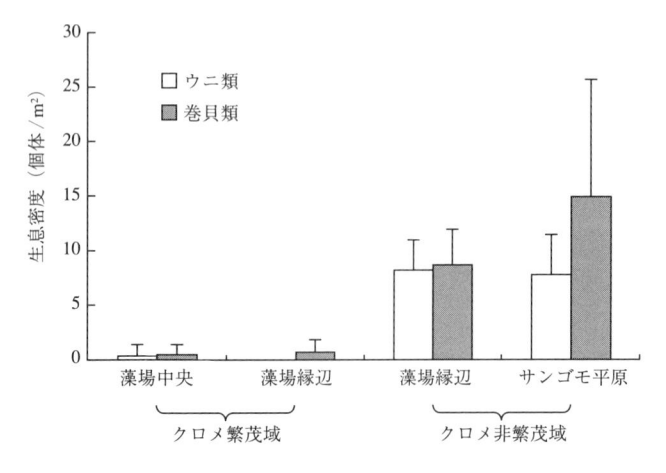

## 132　第6章　クロメの分布と藻場造成－宮崎県沿岸－

図6・12　ウニ・巻貝類の生息状況とクロメの繁茂状況との関係
（荒武，2004a を改変）

多少のずれはあるもののほぼ同じ位置にあり，藻場は良好な状態で維持されている．藻場の中にはウニ類が少ないか，あるいは，いてもクロメを食べることができない何らかの条件が成立しているかのどちらかであると考え，まずは，ウニ類と植食性巻貝類の生息状況，それとクロメの繁茂状況との関係を調べてみることにした（荒武，2004a）．もしクロメが繁茂することがサンゴモ平原に高密度で生息するウニ類の進入を制限しているとしたら，藻場とサンゴモ平原との境界から離れた藻場の中央付近と，サンゴモ平原に接する縁辺部ではウニ類の生息状況が異なるかもしれない．そこで，クロメ繁茂域については，サンゴモ平原に接する縁辺部と，境界から約50m離れた藻場の中央において，それぞれクロメ被度80％以上の地点で，またクロメ非繁茂域については縁辺部のクロメ被度20％未満の地点と藻場との境界から5m以上離れたサンゴモ平原内で観察を行った．それぞれの地点において6枠ずつ設定した1×1mの観察枠でウニ類を計数し，その内の3枠ずつでは貝類の計数も行った．その結果には，非常に明瞭な差が認められた（図6・12）．クロメ非繁茂域にはウニ類，貝類ともに多く認められたのに対し，クロメ繁茂域ではごくわずかだったのである．特に注目すべきなのは，縁辺部の繁茂域と非繁茂域の差である．ともにサンゴモ平原に接する位置にあるにも関わらず，クロメが繁茂しているところではウニ類

と貝類の生息密度はごく低かったのである．

　この結果からだけでは，そもそもウニ類や貝類が少ないからクロメが繁茂することができた，という可能性を否定することはできない．しかし，同じ門川町地先で行った，クロメ繁茂部へのムラサキウニ移植実験（荒武，2004a）で，移植したウニ類の大半が翌日にはクロメ非繁茂域に移動してしまったことを考えると，クロメが繁茂する場所には，やはりウニ類にとって居づらい何かがあると思いたくなる．ウニ類は，見通しのよいサンゴモ平原では捕食者に発見される危険を完全に無視するかのように，自らの姿を露わにして石の上に出ているが，逆に，見つかりにくそうなうっそうとしたクロメ藻場の中ではまるで何かを避けるかのように石の下や間隙などに入り込んでいる．サンゴモ平原に，着生する石ごと運んで行ったクロメの移植実験（荒武，2004a）では，ウニ類は移植した直後には石の下や間隙の中から，垂れ下がる移植クロメの側葉を捕捉し，引き込みながら採食していた．側葉を食べ尽くすとようやく石の上に上がってきて，付着器や茎状部に，やがては葉状部にまでよじ登りながら採食していた．これらのことは，ウニ類がゆられるクロメの葉状部との接触を嫌がることを示しているように思え，これがクロメが繁茂すること自体がもつウニ類の生息を制限する効果ではないかと考えている．

　詳細なメカニズムについては，まだまだ検討の余地を残すが，クロメ成体が繁茂することがウニ類の生息や進入を制限し，ウニ類の食圧を低くする効果をもつ可能性が高いが，魚類に対してはどうだろうか．この門川町地先のクロメ藻場においても，魚類の過剰な採食による大量のクロメの葉状部欠損が観察されている（清水・関屋，2000；荒武ら，2006；荒武・佐島，2007a）ことから，この効果は魚類に対しては無効である可能性が高い．

　**成体の繁茂の応用**：成体の繁茂には，今のところ魚類の採食を制限する効果は認められていないので，魚類の進入や生息が少ない場所で応用することが肝心である．ただし，そういう場所であれば，クロメの成体を繁茂させることはそれほど困難なことではないかもしれない．クロメの成体を高密度で移植することで容易に再現可能だし，幼体を移植する場合では生長するまでの数ヶ月間さえウニ類の採食を防ぐ工夫をすればよい．通常，クロメの幼体を生産し，移植できるのは早春の低水温期なのでウニ類の採食はあまり活発でなくウニ類の

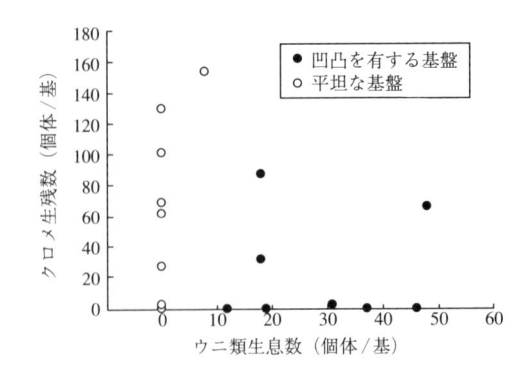

図6・13 基盤形状とウニ類生息数およびクロメ生残数との関係

採食を防ぐのに有利な時期でもある．

応用に際しては，基盤の形状に留意する必要がある．ウニ類が好む凹凸を有するような複雑な物を使用すると成体の繁茂の効果が薄れる可能性があるからだ．門川町地先で行ったクロメの移植実験（荒武・佐島，2007b）では，凹凸のない平坦な基盤ではウニ類の進入はほぼ見られず，クロメは良好に生残できたが，凹凸を有する複雑な形状の基盤にはやがてウニ類が高密度で生息するようになり，クロメの生残数は大きく減少し，基盤によっては全滅してしまった（図6・13）．凹凸を有する基盤では，ウニ類は窪みの中に入り込んでおり，先に紹介したサンゴモ平原へのクロメの移植実験（荒武，2004a）のように，窪みの中にいたままクロメを捕捉し，引き込みながら採食していた．凹凸を有する基盤にはウニ類が嫌がると考えているクロメの葉状部との接触を避けながらクロメを採食することが可能な条件が形成されていたのである．

### 6.2.6 食圧低減条件の選択と組み合わせ

藻場を造成するには，まず，その海域で何が藻場の回復を制限しているのかを正しく理解する必要があることはいうまでもないだろう．藻場の回復制限要因が植食性動物の高すぎる食圧であるなら，網やカゴで囲って食べられなくするなどの積極的な食圧排除方法を採るか，以上に紹介した植食性動物の食圧を低減する条件を利用することになる．

宮崎県沿岸のクロメ藻場から抽出した植食性動物の食圧を低くする条件を人

為的に再現して応用する手法についてはこれまで述べてきた通りであるが，これらの条件は，実際には単独で十分な効果を発揮するものではない．波浪流動条件は，単独でもかなりの効果を発揮するかもしれないが，低水温条件が加わればその効果はさらに大きくなる．砂地の存在，下草の存在は，ウニ類が移動しにくい条件を形成するもので，波浪流動が伴うことによってはじめて効果を発揮する．成体の繁茂が，揺れる海藻に接することをウニが嫌う習性と関係しているものであれば，やはり波浪流動が伴うことが必要な条件となる．すなわち，いずれか1つの条件を選択して応用するのではなく，複数を組み合わせて応用していくことが重要なのである．

実際には，海域でこれらの条件を単独で再現することの方がむしろ困難で，意図しなくとも複数の条件を組み合わせた形になるはずだが，やはり，その海域にどのような条件が既に成立しており，何が不足しているのかを十分に見極めることが重要だろう．そのためにもその海域で藻場の回復を制限している要因について十分に検討する必要がある．

いかに植食性動物の高すぎる食圧が藻場の回復を制限している海域であっても，食圧を完全に排除する必要はない．すなわち，絶対に食べられない藻場を造るのではなく，食べられても維持される程度にまで低くすればよい．例えばアイゴの物理的な摂食限界の流速の目安は $1.5\,\mathrm{m/s}$（川俣・長谷川，2006）であり，常にこれを上回る波浪流動が存在する場所はいかに外海に面し，波浪の影響を受けやすい宮崎県沿岸といえどもないし，人為的に再現することは現実的に不可能だろう．絶対に食べられない環境を無理矢理に造る必要もないのではないだろうか．時として藻場消失の原因ともなるアイゴであっても，藻場をとりまく生態系の一員であり，ずっと藻場と関わってきた生物である．植食性動物の過剰な食圧以外の藻場にとってのマイナス要因がないクロメ藻場では，藻場の消失につながりかねない程のアイゴの過剰な採食を受けても速やかに回復し維持される例が宮崎県沿岸では知られている（荒武，2006b，荒武ら，2006）．ウニ類やアワビ類は，藻場の回復を制限する植食性動物である一方では，貴重な水産資源としての側面ももつ．このようなことからもこれらの絶対的な排除は正しいことではないと考える．どの程度にまで低くすれば藻場が維持されるのかは，場所ごとに，環境ごとに異なるはずで，未だ明らかにできておらず，今

後の課題である．現段階では造成藻場と植食性動物の生息や採食の状況を観察しながら試行錯誤することになるだろうが，その際のお手本となるのは，近隣の良好な藻場や，小規模でも残存している群落ではないだろうか．その藻場や群落で，どのような植食性動物が，どの位の量で，どういう場所に生息し，どのように藻場の海藻を採食しているかを詳細な観察で把握し，それを目標にすることが現段階で取り得る最良の方法かもしれない．

## 6.3　植食性動物の食圧以外が藻場の回復を制限していた例

ここまでの話の流れからは少し外れるが，クロメ種苗の移植を行ってきた海域にクロメ藻場が形成された事例を紹介したい．

近年，植食性動物の高すぎる食圧に注目した研究や，いかに食圧を排除するかといった取り組みや，研究事例は豊富である．ここまで述べてきたように，宮崎県沿岸で消失藻場の回復を制限している要因の内，最も重要な要因は植食性動物の高すぎる食圧であると考えている．ただし，それ以外の要因が全くないわけではない．白っぽく明るい海底に対照的な黒いウニ類が無数ともいえるような高密度で生息している磯焼けの海底や，薄暗い海中林を形成していたクロメなどがほんの1〜2ヶ月の内に葉状部を失って茎状部だけになる魚類の過剰採食は，確かにインパクトが強く，このような景観を見た経験があれば，他の藻場衰退域や，磯焼け域でも藻場回復制限要因として植食性動物の高すぎる食圧をまず疑ってしまう．ここで紹介するのは，藻場回復制限要因として最初に植食動物の高すぎる食圧が疑われたが，研究を進める内にその他の要因の関与の可能性が見えてきた事例である．

### 6.3.1　門川町乙島東岸の藻場の消失と回復

門川町（図6·1B-f）乙島東岸は，かつて数ha規模のカジメ藻場があった（坂本，1995a）が，1994年に大量に来遊したアイゴの過剰な採食を受けて消失（坂本，1996）してからは，クロメがごく僅かに点在するだけの海域となった．ここにはウニ類はほとんど生息していないことから，魚類の高すぎる食圧が藻場の回復を制限していると考えていた．こういう場所では，いかに海藻の移植を行お

うとも，魚類の食圧が排除される訳ではないので藻場の回復は望めないし，移植クロメも生残できないことが想定される．しかしながら，2004〜2006年の間に設置された，クロメ種苗を高密度で移植した実験基盤では，初年度こそ魚類の採食を受け，移植クロメは全滅したものの，その後に実験基盤上に自然加入したクロメも，後から追加で設置された実験基盤上の移植クロメも良好に生残，生育できたのである（荒武，2004b，2006c，2007b；荒武・佐島，2007b）．2007年春にはこの海域に設置した32基のクロメ礁の大半にあたる29基でクロメは良好に生育していた．すなわち，東西約140 m，南北約60 mの設置範囲に29の濃密なクロメの小群落が形成されたことになる．さらには，2006年頃には礁周辺にクロメの小群落が形成され始め，2007年春にはついに2 ha程度のクロメ藻場が形成された．小礫上を中心に見られた幼体の加入範囲は，藻場形成範囲よりもさらに広く，約4.2 haにも及んでいた．

2007年7〜8月に宮崎県へ来襲した台風4，5号は，宮崎県沿岸に大きな被害をもたらした．当海域のクロメ藻場にも，クロメが生育する礫の内，直径数十cm以下のものでは転倒するものが見られ，それより大きく安定したものでも巻き上げられた砂や小礫などによって研磨されたと思われるような損傷がクロメ藻体に認められるなどの影響があった．これらによって，2007年秋時点では，クロメの被度は低下していたが，藻場の消失には至っておらず，分布範囲にも大きな変化は認められなかった．

### 6.3.2 門川町乙島東岸の藻場回復制限要因

この門川町乙島東岸で1994〜2006年まで藻場の回復を制限していた要因は何だろう．魚類対策を行わないクロメ礁投入しか行っていないこの場所に藻場が形成されたことから，当初回復制限要因として想定していた魚類の高すぎる食圧ではないだろう．クロメ種苗の高密度移植を行ったことから，成体の繁茂が魚類の食圧を低減する効果を発揮した可能性が浮かぶかもしれないが，そもそも数haにわたる濃密なカジメ群落がアイゴの過剰な採食により消失してしまっている場所なので，これよりはるかに小さな規模のクロメ礁でその効果が発揮されたとは考えにくい．さらには，調査を進める内に，この場所は大きな岩礁の乏しい，起伏の少ない転石帯で，通常は植食性魚類の生息はそれほど多

くないこともわかった．1994年に起こったようなアイゴの大量来遊がない限り，魚類の食圧は低い海域であったのだ．この海域においては，魚類の採食は藻場の消失原因とはなり得ても，回復を制限する要因とはなっておらず，また，ウニ類も少ないので，植食性動物の食圧以外の要因があったと考えるのが妥当だろう．

当海域において藻場の回復を制限していた要因については，現在研究中でまだ結論を出せていないが，主に海底の攪乱が影響しており，堆泥の影響がこれを助長していたのではないかと考えている．この海域では海底に堆泥が起こりやすい環境にあり，安定した基盤ほど堆泥は多く見られる．そのため，安定した基盤にはクロメ幼体の加入は起こりにくい．不安定な基盤には堆泥が少ないので，クロメ幼体は加入しやすいが，荒天時の攪乱によりその多くは消失してしまう．安定した基盤でも比高が低ければ巻き上げられた砂や小礫の研磨によるダメージもあるだろう．起伏や瀬礁，大きな岩が乏しいこの場所では，クロメの加入はまず堆泥で制限され，加入できたものもそのほとんどは海底の攪乱によって消失してしまい，成体になれるものがごくわずかであったことが，1994年以降のクロメがごくわずかに点在するという状況を形成していたのではないだろうか．そしてそのわずかに生育するクロメの成体からは，藻場が回復するのに十分な量の遊走子が供給されてはいなかったのではないだろうか．かつてカジメ藻場が維持されていた時には，藻体が密生することで攪乱や砂礫などの研磨の影響が緩和されたり，基盤上への堆泥が制限されていたりしていたのかも知れない．もしそうだとするならば，安定した藻場では耐えうる物理的な制限も，魚類の過剰採食という生物的な影響を受けた後では，回復を制限する要因になる可能性があるということになる．

## 6.4 宮崎県沿岸のクロメ藻場をどのように造成・維持していくか

宮崎県沿岸のクロメ藻場の造成や，維持において，最も大切なのは，植食性動物の食圧と海藻の生産力とのバランスを保つことで，クロメの都合と植食性動物の都合の両方を総合的に考慮してそれを目指すという，ごく当たり前のことが最も重要なことであると考えている．そのためには，クロメに限らず，良

好な状態で維持されている藻場を詳細に観察し，その藻場が何故維持されているのか正しく理解することが重要だろう．よい藻場をよく観察し続けることは，その藻場に起こるかも知れない衰退により早い段階で気づくことができ，衰退を未然に防ぐことにもつながるかもしれない．

〈荒武久道〉

## 引用文献

吾妻行雄・川井唯史（1997）：日本水産学会誌，63（4），557-562.
荒武久道（2004a）：平成 15 年度宮崎水試事業報告書，76-86.
荒武久道（2004b）：平成 15 年度宮崎水試事業報告書，99-100.
荒武久道（2006a）：平成 16 年度宮崎水試事業報告書，97-102.
荒武久道（2006b）：磯焼け対策シリーズ①—海藻を食べる魚たち—生態から利用まで—（藤田大介，野田幹雄，桑原久実編），成山堂書店，pp.52-61.
荒武久道（2006c）：平成 16 年度宮崎水試事業報告書，119-120.
荒武久道（2007a）：平成 17 年度宮崎水試事業報告書，89-99.
荒武久道（2007b）：平成 17 年度宮崎水試事業報告書，100-105.
荒武久道・福田博文（2004）：平成 13 年度宮崎水試事業報告書，67-79.
荒武久道・佐島圭一郎（2007a）：平成 18 年度宮崎水試事業報告書，95-112.
荒武久道・佐島圭一郎（2007b）：平成 18 年度宮崎水試事業報告書，113-128.
荒武久道・佐島圭一郎・吉田吾郎（2007）：平成 18 年度宮崎水試事業報告書，142-151.
荒武久道・清水　博・渡辺耕平（2006）：宮崎水試研究報告，10，8-13.
長谷川雅彦・小泉康二・小長谷輝夫・野田幹雄（2003）：静岡水試研報，38，19-25.
林田秀一（2002）：黒潮の資源海洋研究，3，11-15.
川俣　茂（1994）：水産工学，31，103-110.
木村　創・山内　信・能登谷正浩（2007）：水産増殖，55（3），467-473.
Konar, B. and Estes, J. A.（2003）：Ecology, 84（1），174-185.
桑原久実・川俣　茂・髙橋和寛・山下俊彦（1999）：海洋開発論文集，15，131-134.
成原淳一・大木雅彦（1990）：昭和 63 年度宮崎水試事業報告書，97-100.
成原淳一・大木雅彦・朝野武雄（1990）：昭和 63 年度宮崎水試事業報告書，92-96.
成原淳一・大木雅彦・森末保治（1991）：平成元年度宮崎水試事業報告書，48-56.
成原淳一・大木雅彦・森末保治（1992a），平成 2 年度宮崎水試事業報告書，88-90.
成原淳一・大木雅彦・森末保治（1992b）：平成 2 年度宮崎水試事業報告書，91-94.
岡村金太郎（1936）：日本海藻誌，内田老鶴圃，964pp.
坂本龍一（1996）：平成 6 年度宮崎水試事業報告書，108-112.
坂本龍一・松本正勝（1995a）：平成 5 年度宮崎水試事業報告書，61-69.
坂本龍一・松本正勝（1995b）：宮崎水試試験報告，144.
清水　博（1998）：平成 8 年度宮崎水試事業報告書，96-104.
清水　博（1999）：平成 9 年度宮崎水試事業報告書，67-79.
清水　博・日高国弘（1998）：平成 8 年度宮崎水試事業報告書，105-115.
清水　博・関屋朝裕（2000）：平成 3 年度宮崎水試事業報告書，73-87.
清水　博・渡辺耕平・新井章吾・寺脇利信（1999）：宮崎水試研究報告，7，29-41.

寺脇利信・新井章吾（2002）：藻類, 50, 21-23.
月舘真理夫・新井章吾・成原淳一（1991）：藻類, 39, 389-391.
山下俊彦・高橋和寛・金子寛次・峰　寛明・坪田幸雄（1999a）：海洋開発論文集, 15, 125-129.
山下俊彦・高橋和寛・近藤正隆・峰　寛明・桑原久実・坪田幸雄（1999b）：海岸工学論文集, 46, 1141-1145.
百合野定・内田為彦・黒木　勝・緒方得生（1979）：宮崎県沿岸海域の海藻調査, 沿岸海域藻場調査, 瀬戸内海関係海域藻場分布調査報告－藻場の分布－, 水産庁南西海区水産研究所, 211-213.

## あとがき

　本小著は「カジメ属の生態学と藻場造成」としたが，「藻場」の語句の使われ方では度々気になることがあり，一言この語句について触れておきたい．文字面からは，なんとなく内容理解のできる用語ではある．しかし，それが大きな問題となる．著者はこれまで機会ある度にこの用語の意味するところを話題としてきた．この語のもつ意味をどのように理解し，使うかによって，「藻場」に係る研究や行政的姿勢は異なってくる．単に「海藻が生育する場」や「海藻が生育する生態系」などと文字面からのみの理解では，その重要性や「藻場造成事業」や「藻場回復事業」の施策としての事業はできない．また，どのような内容をもった生態系を回復させるのかについてもあいまいとなる．

　一般に沿岸域には，肉眼では識別不可能な微細藻類や高さ数センチの小型の海藻がいずれの海域にも生育する．海藻がほとんど生育していないとみなされている「磯焼け海域」と呼ばれる場でさえも，無節サンゴモという大型殻状紅藻や微小な海藻は海底面を覆いつくし，それぞれが立派に生育しているのである．これらの海藻は皆それなりの生活戦略をもって生きており，数メートルに達する大型の海藻が生育する基質にも，それらと同時に生育する．また，新設の港湾の人工基質や防波堤のコンクリートなどでも設置後数週間から数ヶ月もすれば，これらの比較的目立たない海藻類によってその表面は覆われるのである．このことを考慮すると単に海藻が生育する場を「藻場」としたのでは，「藻場造成」の意義やその重要性はほとんどないことが十分に理解されるだろう．繰り返しになるが，磯焼け海域に海藻が生育していることを認めるなら，「藻場」を「海藻が生育する場」や「海藻がたくさん繁茂する場」などと解釈することで，平然と「藻場」研究なり，公的事業としての「藻場造成または回復事業」を行う人たちは，何を目的として研究や事業をしているのかわからない．「藻場」は漁業経済または沿岸域の社会経済上の有益性，重要性をもつ生態系，空間域だから，事業としても意義があり，その根拠となり得るのである．話を反対から説明すると，サンゴモや小型の海藻のみが生育する海域，すなわちそのような海藻が生育する「磯焼け場」を，「藻場」とは呼ばないのは経済上有益な生態系ではないとの理解のためである．

「藻場海藻」という語がある．これは藻場を構成する主要な海藻，上記に照らして述べるなら，経済上有用な生態系を形成する主要な海藻種の意味である．そこで，本小著では「藻場海藻」としてのカジメ属を取り上げ，中にはクロメやツルアラメも含めている．一般にアラメ・カジメ場と呼ばれるように，これまではカジメのみが「藻場」の主要海藻種とみなす傾向があった．しかし，本小著にも多々記されているように，日本海沿岸を含む日本の広い沿岸域を対象に考えると，クロメやツルアラメ群落の漁業経済上の有益性はカジメ以上に広く，利用の可能性が認められるのである．

　さらに「藻場」に関する，古くからの研究ではアラメ・カジメなどを対象に数多くの知見が示されてきてはいるものの，詳細に調べてみると，「藻場」生態系として，他の生物種を含めた相互の係り合いや群落構造についてはほとんど明らかにされてきていない．また，その造成技術や維持，管理手法の知見についても少なかった．そこで，極わずかながらでも新たな知見を知っていただきたく，また，このことからより多くの多様な側面からの研究が必要であることを知っていただくためにも，この小著がその一助となればと思う次第である．

　先日，「藻場」の二酸化炭素固定能の評価に関する会議のまとめ役を仰せつかった．そこで，私はこの課題はほとんど研究の進んでいない分野で，その任をこなすのは至難の業であることを述べた．しかし，その意はほとんど理解されなかった．理由の一つに私と評価事業委託者や受託者との間に，「藻場」の理解が大きく異なっていたことにあった．私は「藻場」は，それを構成する主要な海藻種の群落とその生態系内の多種多様な生物群を含めた全体と捉えているのに対し，「藻場」をそれを構成する単一海藻のみとする理解の相違によるものであった．「藻場」を構成する主要な種がカジメであっても，同所的に生育する多種多様な海藻や動物が階層構造をもって生育し，全くの単一種のみの単純な立体構造の「藻場」は現実的にはあり得ない．

　沿岸環境に関する多種多様な課題や評価が社会的に求められる機会が今後ますます増加すると予測される中で，基礎生産を担う海藻の役割やその群落生態系に関する研究は重要で，少なくとも「藻場」と藻場海藻に関する正しい理解とその基礎研究が発展することが望まれる．

能登谷正浩

## 索　引

〈あ行〉

rbc-spacer　44
アイゴ　62, 97, 104, 122, 130
ITS　44
actin　47
網籠　65
アメフラシ　62
アントクメ　73
壱岐市　107
移植実験　128
イスズミ　85
　——類　104
磯焼け　53, 54, 75, 93, 107, 141
遺伝的多様性　45
因子負荷量　25
ウニ平原　124
ウニ類　62, 89
　——除去　89
　——の食圧　133
　——の摂餌　121
栄養塩　42
栄養繁殖　16, 20
ATP synthase　47
江津良　37
F値　24, 25
塩基配列　44
大型褐藻類　93
大型コンブ目植物　53
隠岐　13, 14
　——海士町　4
音刺激　69
温度特性　48, 50

〈か行〉

ガイドライン　63
仮根　28
カジメ　73, 93
　——属　3, 31, 73
画像解析　46
加太　34

紀伊水道　54
起源種　3
基質投入　58
漁獲　57
漁業経済　141
漁業経費　63
漁場　32
寄与率　25
魚類の食害　82, 87, 104
魚類の摂食　56
魚類の摂食圧　87
魚類の補食　65
熊野灘　54
黒潮　75
　——の蛇行　57
クロメ　31, 73, 116
　——藻場　95, 99, 118
　——藻場の造成　138
群落回復過程　114
群落の拡大　81
群落の衰退　73, 74
茎状部　20
形態　3, 38, 116
　——的特徴　13, 34, 35, 36
　——比較　20
　——変異　32
茎長　22
系統　23
ゲノム　44
高水温　105
高知県　72
郷ノ浦町　107, 108
小型藻類　56
古座　37
固有値　25
固有ベクトル　25
コンクリート製方形藻礁　60
混植　83
混成群落　88
混成藻場　110

〈さ行〉
菜食　122
　──痕　123
最大側葉　19
　──長　21,22
里海　82,90
里海づくり　89
サンゴモ　53
色彩　40,41
下草　53,128
子嚢斑　77
下田原　37
社会的割引率　62
自由度　24,25
主成分分析　23
主成分分布　28
種苗作成　15
種苗生産　76
種苗の育成　77
種苗の沖出し　78
上限温度　51
食圧　118
　──低減　119,134
　──排除　134
食害　68
　──魚種　85
　──対策　69,82,88
　──動物　62
　──防御　89
植食性動物　118,136
植食性巻貝類　132
皺　43
人工海藻　83
新葉状　16
水温　75
水質浄化　63
衰退原因　105,118
末枯れ　19
生育限界温度　51
生残率　16
成熟温度　49
成分分布　27
生卵器　49

生理特性　48
摂餌生態　68
摂食活動　98
摂食痕　98,103,109
摂食選択性　105
摂餌率　68
摂餌量　129
千田　34
総事業費　62
藻食性魚類　68,93
造精器　49
総便益額　62
測定部位　15,33

〈た行〉
耐用年数　62
種付け　77
多様性　31
タンパク質　46
中央葉　19
釣鐘藻礁　59
ツルアラメ　13,73
　──4型　13,14,21
DNA解析　44
DNA特定領域　44
低水温　129
適温範囲　51
天然藻体　23
投石漁場　110
トゲモク　83

〈な行〉
長崎県　93
中ノ島　14
波当たり　41
二次元電気泳動　46
年間便益　63
年齢構成　103
ノコギリモク　114
野島　36
ノトイスズミ　97
野母崎町　99

索引　145

〈は行〉
配偶体　48
掃き出し効果　131
白化現象　98
波浪流動　120, 122
判別基準　3
比井崎　34
ヒジキ　93, 97
被食　130
　——指数　85, 86
被度変化　100
費用対効果　62
貧海藻　122
ブダイ　62, 85, 97, 104、
付着器　28
浮泥　59
プロテオーム解析　46
分散分析　85
分布　3, 32, 72, 93, 116, 117
分類指標　39, 47
方形藻礁　60
防護網　112
胞子体　48
捕食防除　67
母藻移植　68
母藻採取　76
匍匐仮根　29
匍匐枝　28
匍匐枝状仮根　16
ボランティア　90

〈ま行〉
宮崎県　116
三輪崎　38
無節サンゴモ　126
鞭打ち効果　131
ムラサキウニ　126
目津崎　36
藻場　4, 76, 141
　——回復の制限要因　119, 137
　——構成種　95
　——生態系　4
　——造成　53, 58, 64, 72, 78, 116, 119, 141
　——の回復　134, 141
　——の衰退　93
　——面積　72

〈や行〉
有節サンゴモ　107
遊走子　15
葉状　20, 29
葉状部欠損　93
　——現象　96, 97, 107, 109
養成藻体　15, 23
幼胞子体　50

〈ら行〉
林冠部　88
累積寄与率　25
冷暗処理　77

〈わ行〉
和歌山県　31, 53

カジメ属の生態学と藻場造成

2009年9月30日　初版発行

（定価はカバーに表示）

編著者　能登谷正浩

発行者　片岡一成

発行所　株式会社恒星社厚生閣
〒160-0008　東京都新宿区三栄町8
Tel　03-3359-7371　Fax　03-3359-7375
http://www.kouseisha.com/

印刷・製本：(株)シナノ
本文組版：群企画
ISBN978-4-7699-1206-4　C3045

## 好評発売中

### 水産学シリーズ 129
### オゴノリの利用と展望
寺田竜太・能登谷正浩・大野正夫 編
A5判・118頁・定価 2,415 円

利用価値の高いオゴノリ目藻類の生理活性物質などの含有成分に注目し，新たな医薬品や飼料，環境浄化システムへの利用の可能性などを紹介．オゴノリの生物特性（分類と分布，生活史と生長特性，組織の再生機能）を整理した上で，様々な分野への利用の可能性を論述．編者の他，村岡大祐，伊藤龍星，鈴木祥広，丸山俊朗などの各氏が論述．

### 水産学シリーズ 160
### 磯焼けの科学と修復技術
谷口和也・吾妻行雄・嵯峨直恆 編
A5判・136頁・定価 2,730 円

海中林の枯死をどう防ぎ修復するか．生物群集構造の変動という新たな点から磯焼けの構造を究明し，新しい海中林修復技術を提案．主な内容 ウニの生殖周期と海藻群落への摂食活動，植食魚類の移動及び行動生態，濁水の流入による磯焼けの発生と持続，磯焼けの研究と修復技術の歴史，サイクリック遷移にもとづく磯焼け診断の方法 等

### 水産学シリーズ 120
### 磯焼けの機構と藻場修復
谷口和也 編
A5判・120頁・定価 2,625 円

漁業不信を招く「磯焼け」．水産業にとってその打開は急務だ．本書は磯焼けを「産業的な現象」と捉えると同時に「生態学的な現象」と規定し，その発生機構の究明ならびに藻場修復のための方途と技術的課題を提起する．谷口和也氏ほか，富士 昭・吾妻行雄・關 哲夫・前川行幸氏らが執筆．

### 水産学シリーズ 156
### 閉鎖性海域の環境再生
山本民次・古谷 研 編
A5判・166頁・定価 2,940 円

水質改善のみならず生物の生息環境保全を実現することが閉鎖性海域においては重要な課題となる．東京湾，大阪湾，広島湾など全国9閉鎖性海域を取り上げ，それぞれ進められている再生の取り組みの現状と検証を簡潔に纏め，今後の再生の方向性を多角的に提起．Ⅰ部総論で水圏の物質循環と食物連鎖の関係など基礎的な事柄を解説．

### 環境配慮・地域特性を生かした
### 干潟造成法
中村 充・石川公敏 編
B5判・146頁・定価 3,150 円

生命の宝庫である干潟は年々消失し，「持続的な環境」を構築していく上で，重大問題となっている．そこで今，様々な形で干潟造成事業が進められているが，環境への配慮という点からはまだ不十分だ．本書は，基本的な干潟の機能・役割・構造を解説し，その後環境に配慮した造成企画の立て方，造成の進め方を，実際の事例を挙げ解説．

定価は消費税 5％を含む

恒星社厚生閣